环境工程实验指导

主　编：李兆华　胡细全　康　群

编　委：（按姓氏笔画排版）

卢进登　李玉华　李艳蔷

张　云　陈红兵　郭　立

赵锦慧　樊丽芳

中国地质大学出版社

ZHONGGUO DIZHI DAXUE CHUBANSHE

内容简介

环境工程专业是一个涉及理学和工学的多学科交叉新兴专业，该专业的实践教学环节在大学本科教学中占有十分重要的地位。本书由数位长期从事环境工程专业理论与实践教学的教师根据实验教学心得和经验编写成册，内容涵盖整个环境工程教学体系中实践教学骨干课程，包括五大类实践教学内容：环境工程基础实验（含化工原理实验、测量学实验），水污染控制工程实验，大气污染控制工程实验，固体废物污染控制实验，环境监测实验，环境噪声与放射性污染控制实验。

本书出版的目的是为环境工程专业的实践教学提供较为系统的教学参考。

图书在版编目(CIP)数据

环境工程实验指导/李兆华，胡细全，康群主编.—武汉：中国地质大学出版社，2010.11（2011.5重印）

ISBN 978-7-5625-2362-8

Ⅰ.①环…
Ⅱ.①李…②胡…③康…
Ⅲ.①环境工程-实验-高等学校-教学参考资料
Ⅳ.①X5－33

中国版本图书馆 CIP 数据核字(2009)第 130465 号

环境工程实验指导　　李兆华　胡细全　康　群　主编

责任编辑：张　琰　　责任校对：张咏梅

出版发行：中国地质大学出版社（武汉市洪山区鲁磨路 388 号）　　邮政编码：430074
电话：(027)67883511　传真：67883580　　E-mail：cbb @ cug. edu. cn
经　销：全国新华书店　　http://www. cugp. cn

开本：787 毫米×960 毫米 1/16　　字数：256 千字　印张：12.5
版次：2010 年 11 月第 1 版　　印次：2011年 5 月第 2 次印刷
印刷：武汉珞南印务有限公司　　印数：1 000—2 000册

ISBN 978－7－5625－2362－8　　定价：28.00 元

目 录

绪 论

第一节 环境工程实验指导编写目的和要求

《环境工程实验指导》是根据环境工程专业的培养目标、教学计划和基本教学要求而编写的。本教材考虑学科的系统性，将本专业在大学四年中所需要开设的各门实验融为一体，通过每项实验程序、实验结果、数据测试分析及实验全过程，可逐步巩固和加深学生对环境工程相关基础理论及主要污染治理技术的理解和认识，强化学生的实践动手能力。

编制《环境工程实验指导》的主要目的是帮助学生深入掌握本专业基础知识以及水污染控制工程、大气污染控制工程、固体废弃物处理技术等的基本实验技能，其中包括实验设计、实验操作、仪器设备的使用、数据的检测分析、实验报告的编写等综合技能的训练和培养。

实验的基本要求是掌握实验的基本原理和操作方法；能独立进行实验的全过程；实验过程中，要实事求是，严肃认真，细致整洁，爱护仪器设备；初步掌握测试技术及各种仪器的使用方法，熟悉试验数据的分析处理技术，独立完成实验报告，最终能独立设计实验并加以实施。

本实验指导书由湖北大学环境工程系多年从事教学、科研及实验指导的教师编写。由于编者水平有限，加之时间仓促，书中错误和不妥之处在所难免，敬请读者批评指正。

第二节 误差与数据处理

一、误差的基本概念

1. 真值与平均值

实验过程中要做各种测试工作，由于仪器、测试方法、环境、人的观察力、实验方法等都不可能做到完美无缺，因此，我们无法测得真值(真实值)。如果我们对同一考察项目进行无限多次的测试，然后根据误差分布定律正负误差出现的机率相等的概念，可以求得各测试值的平均值，在无系统误差的情况下，此值为接近于真值的数值。通常我们测试的次数总是有限的，用有限测试次数求得的平均值，只能是真值的近似值。

常用的平均值有下列几种：①算术平均值；②均方根平均值；③加权平均值；④中位值(或中位数)；⑤几何平均值。计算平均值方法的选择，主要取决于一组观测值的分布类型。

(1)算术平均值

算术平均值是最常用的一种平均值，当观测值呈正态分布时，算术平均值最近似真值。设 x_1、x_2、…x_n 为各次的观测值，n 代表观测次数，则算术平均值为：

$$\bar{x} = \frac{x_1 + x_2 + \cdots + x_n}{n} = \frac{1}{n}\sum_{i=1}^{n} x_i$$

(2)均方根平均值

均方根平均值应用较少，其定义为：

$$\bar{x} = \sqrt{\frac{x_1^2 + x_2^2 + \cdots + x_n^2}{n}} = \sqrt{\frac{\sum_{i=1}^{n} x_i^2}{n}}$$

式中符号代表的意义同前。

(3)加权平均值

若对同一事物用不同方法去测定，或者由不同的人去测定，计算平均值时，常用加权平均值。计算公式如下：

$$\bar{x} = \frac{w_1 x_1 + w_2 x_2 + \cdots + w_n x_n}{w_1 + w_2 + \cdots + w_n} = \frac{\sum_{i=1}^{n} w_i x_i}{\sum_{i=1}^{n} w_i}$$

式中的 w_1、w_2…w_n 代表与各观测值相应的权，其他符号同前。各观测值的权数 w，可以是观测值的重复次数，观测者在总数中所占的比例，或者根据经验确定。

(4)中位值

中位值是指一组观测值按大小次序排列的中间值。若观测次数是偶数，则中位值为正中两个数的平均值。中位值的优点是能简单直观说明一组测量数据的结果，且不受两端具有过大误差数据的影响；缺点是不能充分利用数据，因而不如平均值准确。

(5)几何平均值

如果一组观测值是非正态分布，当对这组数据取对数后，所得图形的分布曲线更对称时，常用几何平均值。几何平均值是一组 n 个观测值相乘并开 n 次方求得的值，计算公式如下：

$$\bar{x} = \sqrt[n]{x_1 \cdot x_2 \cdot x_3 \cdots x_n}$$

也可用对数表示：

$$\lg\bar{x} = \frac{1}{n}\sum_{i=1}^{n}\lg x_i$$

式中符号代表的意义同前。

2.误差与误差的分类

对某一指标进行测试后，观测值与其真实值之间的差值称为绝对误差，即

$$绝对误差 = 观测值 - 真值$$

绝对误差用以反映观测值偏离真值的大小，其单位与观测值相同。由于不易测得真值，实际应用中常用观测值与平均值之差表示绝对误差。严格地说，观测值与平均值之差应称为偏差，但在工程实践中多称之为误差。

在分析工作中常把标准试样中的某成分的含量作为该成分的真值，用以估计误差的大小。

绝对误差与平均值（真值）的比值称为相对误差，即

$$相对误差 = \frac{绝对误差}{平均值}$$

相对误差用于不同观测结果的可靠性的对比，常用百分数表示。

根据误差的性质及发生的原因，误差可分为：系统误差，偶然误差，过失误差三种。

(1)系统误差（恒定误差）

系统误差是指在测定中由未发现或未确认的因素所引起的误差，这些因素使测定结果永远朝一个方向发生偏差，其大小及符号在同一实验中完全相同。产生系统误差的原因是：①仪器不良，如刻度不准、砝码未校正等；②环境的改变，如外界温度、压力和湿度的变化等；③个人的习惯和偏向，如读数偏高或偏低等。这类误差可以根据仪器的性能、环境条件或个人偏差等加以校正克服使之降低。

(2)偶然误差（或然误差，随机误差）

单次测试时，观测值总是有些变化且变化不定，其误差时大、时小、时正、时负、方向不定。但是多次测试后，其平均值趋于零，具有这种性质的误差称为偶然误差。

偶然误差产生的原因一般不清楚，因而无法人为控制。偶然误差可用概率理论处理数据而加以避免。

(3)过失误差

过失误差是由于操作人员工作粗枝大叶、过度疲劳或操作不正确等因素引起的，是一种与事实明显不符的误差。过失误差是可以避免的。

3. 准确度和精密度

(1)准确度

准确度表示测量或测定结果(X)与真实值(X_T)接近的程度。准确度的好坏可以用误差(E)表示。分析结果与真实值之间的差别叫误差。误差可用绝对误差和相对误差两种方式表示。绝对误差表示测定值与真实值之差,相对误差是指绝对误差在真实结果中所占的百分率。它们分别可以用下面式子表示:

$$绝对误差 = X - X_T$$

$$相对误差 = \frac{X - X_T}{X_T} \times 100\%$$

(2)精密度

精密度是指对同一个样品在同样条件下重复测量所得的测量结果之间的相互接近程度。精密度高有时又称为再现性好。精密度的好坏可以用平均偏差和标准偏差来衡量。

单次测量结果的偏差,用该测定值(x_i)与其算术平均值($\bar{x}$)之间的差别来表示,具体可用下面四种方式来表示:

$$绝对偏差\ d_i = x_i - \bar{x}$$

$$相对偏差 = \frac{d_i}{\bar{x}} \times 100\%$$

$$平均偏差\ \bar{d} = \frac{\sum_{i=1}^{n} |x_i - \bar{x}|}{n}$$

$$相对平均偏差 = \frac{\bar{d}}{\bar{x}} \times 100\%$$

标准偏差又称为均方根偏差。当测量次数不多时($n<30$),单次测量的标准偏差(s)可按下式计算:

$$s = \sqrt{\frac{\sum (x_i - \bar{x})^2}{n-1}}$$

用标准偏差表示精密度比用平均偏差好,因为将单次测量的偏差平方之后,较大的偏差更显著地反映出来了,这样能更好地说明数据的分散程度。

精密度好不能保证准确性好。例如,当分析中存在系统误差时,它不影响精密度,但影响准确性。另一方面,测量的精密度可能不太好,但结果的准确性也许是好的(或多或少带有偶然性),但是可以肯定的是精密度越高,测得真实值的机会就越高,为了保证得到高度准确的结果,必须保证结果具有很好的再现性。

二、数据处理

1. 有效数字

有效数字是指在具体工作中实际能测量的数字，有效数字的位数表达了与测量精度相一致的测量结果。在有效数字中只有一位不定值，例如，$V=20.15$mL，有4位有效数字，最后一位5为不定值。在一个数中，“0”可能表示有效数字，也可能仅起决定小数点位置的作用。不是测量所得的自然数视为无限多位的有效数字。关于有效数字举例如下：

0.054 3	3位有效数字，“0”决定小数点位置。
0.054 30	4位有效数字，最后一位“0”为有效数字。
2.8×10^3	2位有效数字。
2.80×10^3	3位有效数字。
2 800	不确定，有效数字的位数需由实际情况而定。
$\lg x=10.00$	$x=1.0\times10^{10}$，2位有效数字。
pH=1.15	2位有效数字。

在运算过程中，有效数字的计算规则：几个数据相加或相减时，它们的和或差只能保留一位不确定数字，即有效数字的保留应以小数点后位数最少的数字为根据。例如，将0.022 3，26.16及2.056 83三个数相加，结果应为28.24，只有最后一位是不定值；在乘除法中，有效数字取决于相对误差最大的那个数，即有效数字最少的那个数，以它为标准确定其他各数和最后结果的有效数字。例如，$\frac{24.23\times0.281\,2\times0.032\,00}{1.243\,2}=0.175\,4$。用电子计算器做运算时，可以不必对每一步的计算结果进行位数确定，但最后计算结果应保留正确的有效数字位数。对最后结果多余数字取舍原则是“四舍六入五留双”，即当尾数≤4时，舍去；当尾数≥6时，进位；当尾数等于5时，如5后面的数字不全为0时，进1；全为0时，如进位后得偶数，则进位，否则舍弃。

在整理数据时，常要运算一些精密度不相同的数值，此时要按一定规则计算，这样既可节省时间，又可避免因计算过繁引起的错误。一些常用的规则如下：

(1)记录观测值时，只保留一位可疑数，其余数一律弃去；

(2)在加减运算中，运算后得到的数所保留的小数点后的位数，应与所给各数中小数点后位数最少的相同。例如31.52、0.683、0.009三个数相加时，应写为$31.52+0.683+0.009=32.21$。

(3)计算有效数字位数时，若首位有效数字是8或9时，则有效数字位数要多计1位。例如，9.35虽然实际上只有三位，但在计算有效数字时，可作四位计算。

(4)在乘除运算中，运算后所得的商或积的有效数字与参加运算各有效数中位数最少的相同。

(5)计算平均值时，若为四个数或超过四个数相平均时，则平均值的有效数字位数可增加一位。

2. 作图技术简介

作图是化学研究中结果分析和结果表达的一种重要方法。正确的作图可以使我们能够从大量的实验数据中提取出丰富的信息和简洁、生动地表达实验结果。利用直角坐标纸和计算机作图软件作图是常用的作图方法，作图时应注意下面这些问题：

(1)以主变量为横轴，应变量为纵轴。

(2)选择坐标轴比例时要求使实验测得的有效数字与相应坐标轴分度精度的有效数字位数相一致，以免作图处理后各量的有效数字发生变化。坐标轴标值要易读，必须注明坐标轴所代表的量的名称、单位和数值，注明图的编号和名称，在图的名称下要注明主要测量条件。根据作图方便，不一定所有图均要把坐标原点取为“0”。

(3)将实验数据以坐标点的形式画在坐标图上，根据坐标点的分布情况，把它们连接为直线或曲线，不必要求线全部通过坐标点，但要求坐标点均匀地分布在线的两边。最优化作图的原则是使每一个坐标点到达线距离的平方和最小。必须用直尺画直线，画曲线则最好用曲线板以作出光滑曲线。

3. 分析结果的报告

(1)双份平行测定结果的报告

对于双份平行测定结果，如不超过允许公差，则以平均值报告结果。双份平行测定结果的相对平均偏差按下式计算：

$$\text{相对平均偏差}=\frac{|x_1-x_2|}{2\bar{x}}\times 100\%$$

标定标准溶液浓度，如果只进行两份标定，一般要求其标定相对平均偏差小于0.15%，才能以双份均值作为其浓度标定结果，否则必须进行多份标定。

(2)多份平行测定结果的报告

对于多份平行测定，在报告测定结果时，应当首先检查测定结果中是否存在离群值，即由于操作过失而造成的特大或特小值。因为在有限次测定中，离群值会影响结果的均值和精密度，所以必须判断此离群值是保留还是弃去。Q检验法是常用的检验方法之一，判断方法如下：将n个测定值由从大到小顺序排列，计算极差R(最大值与最小值之差)及离群值和它相邻值之差a，代入判断式：

$$Q=\frac{|a|}{R}$$

通过比较计算所得的 Q 值与 90%置信水平时的 Q 表值(见下表,实际工作中常常采用该表)的大小,确定离群值的取舍。判断规则为:当 Q 大于 Q 表值时,弃去离群值,否则保留。

在 90%的置信水平下,$Q-n$ 分布表

n	3	4	5	6	7	8	9	10
Q	0.94	0.76	0.64	0.56	0.51	0.47	0.44	0.41

第一篇　环境工程基础实验

第一章　化工原理实验

第一节　伯努利方程验证实验

一、实验目的

(1)验证伯努利(能量)方程,并认识流体在有压管道内流动时机械能转换关系。

(2)理解水头线概念及绘制方法。

(3)掌握流速、流量、压强等物理量的测量方法。

二、实验原理

在实验管路中沿管内水流方向取 n 个过水断面。可以列出进口断面 1 至另一断面 i 的能量方程式($i=2,3,\cdots,n$)

$$z_1+\frac{p_1}{\gamma}+\frac{\alpha_1 v_1^2}{2g}=z_i+\frac{p_i}{\gamma}+\frac{\alpha_i v_i^2}{2g}+h_{w1-I}$$

取 $\alpha_1=\alpha_2=\cdots=\alpha_n=1$,选好基准面,从已设置的各断面的测压管中读出 $z_i+\frac{p_i}{\gamma}$ 值,测出通过管路的流量,即可计算出断面平均流速 v 及 $\frac{\alpha_i v_i^2}{2g}$,从而得到各断面测压管水头和总水头。

三、实验设备与试剂

(1)流体综合实验台(伯努利方程实验管)1 套,见图 1－1。

(2)秒表、卷尺(或者1 000mL量筒)各1只。

图1-1　流体综合实验台

四、实验步骤

(1)熟悉实验设备,分清哪些测管是普通测压管,哪些是毕托管测压管,以及两者功能的区别。

(2)打开电源开关供水,使水箱充水,待水箱溢流,检查调节阀关闭后所有测压管水面是否齐平。如不平则需查明故障原因(例如,连通管受阻、漏气或夹气泡等)并加以排除,直至调平。

(3)打开尾阀,待实验管道流量和侧压管水位稳定后,开始测量并记录各测压管液面读数以及实验流量。

五、数据记录与计算

(1)记录有关常数:均匀段直径________cm,扩管段直径________cm,水箱液面高度________cm,上游管道轴线高度________cm,下游管道轴线高度________cm。测量断面管道直径、面积及位置,并将数据记录到表1-1中。

表 1-1　断面管道直径、面积及位置记录表

断面编号(测点)	1(1,2*)	2(3,4*)	3(5*,6)	4(7,8*)
管径(cm)				
断面面积(cm)				
离入口距离(cm)				

注:标“*”者为毕托管测点(测点编号见实验装置)。

(2)测量测压管水头 $z_i+\dfrac{p_i}{\gamma}$、毕托管水头和流量 Q,并将数据记录到表 1-2 中。

表 1-2　测压管水头(mm)、毕托管水头(mm)和流量计算记录表

断面编号	1	2	3	4	实验管道流量测算		
					体积(cm^3)	时间(s)	Q(cm^3/s)
测压管水头							
毕托管水头							

(3)计算流速水头和总水头,并将数据记录到表 1-3 中。

表 1-3　速度水头和总水头计算表

断面编号	1	2	3	4
断面平均流速 v(cm/s)				
流速水头 $\dfrac{v^2}{2g}$(cm)				
测压管水头 $z+\dfrac{p}{\gamma}$(cm)				
总水头 $z+\dfrac{p}{\gamma}+\dfrac{v^2}{2g}$(cm)				

六、注意事项

(1)流量不要太大,以免有些测压管水位过低,影响读数,甚至引起管道吸进空气,影响实验。

(2)一定要在水流恒定后才能测量。

(3)实验结束后,一定要关闭电源,拔掉电源插头。

(4)流速较大时,测压管水位有波动,读数时要读取平均值。

(5)实验时一定要注意安全用电。

七、思考题

(1)计算断面 1 和断面 2 毕托管所测点流速。

(2)绘制测压管水头线和总水头线。

(3)比较毕托管所测总水头和用平均流速计算出的总水头之间的大小,如有不同,简要说明原因。

第二节　雷诺实验

一、实验目的

(1)观察液体在不同流动状态时的流体质点的运动规律。

(2)观察液体由层流变紊流及由紊流变层流的过渡过程。

(3)测定液体在圆管中流动时的上临界雷诺数 Rec_1 和下临界雷诺数 Rec_2。

二、实验原理

流体在管道中流动,有两种不同的流动状态,其阻力性质也不同。在实验过程中,保持水箱中的水位恒定,即水头 H 不变。如果管路中出口阀门开启较小,在管路中就有稳定的平均流速 u,这时候如果微启带色水阀门,带色水就会和无色水在管路中沿轴线同步向前流动,带色水成一条带色直线,其流动质点没有垂直于主流方向的横向运动,带色水线没有与周围的液体混杂,层次分明地在管道中流动。此时,流体在速度较小而粘性较大和惯性力较小的情况下运动,为层流运动。如果将出口阀门逐渐开大,管路中的带色直线出现脉动,流体质点还没有出现相互交换的现象,流体的运动成临界状态。如果将出口阀门继续开大,出现流体质点的横向脉动,使带色水完全扩散与无色水混合,此时流体的流动状态为紊流运动。

水流的型态由其流动时的雷诺数决定。

雷诺数：$Re=\frac{u \cdot d}{v}$

式中，d——管径，m；

v——运动粘滞系数，$v=\frac{0.01775}{1+0.0337t+0.00022t^2}$；

t——水温，℃；

u——管道中水流平均流速，m/s，$u=\frac{Q}{A}$；

A——管路的横截面积，m^2；

Q——流量，用体积法测出（m^3/s），即在时间 T(s)内流入计量水箱中流体的体积 $\Delta v(m^3)$。

据相关实验资料得知，下临界雷诺数比较稳定，$Re=2\,000$。而上临界雷诺数变化很大，约在 5 000～20 000 之间。因此一般认为：$Re<2\,000$ 为层流，$Re>2\,000$为紊流。

三、实验设备与试剂

(1)流体综合实验台(雷诺实验管)1 套。

(2)蓝墨水 1 瓶。

(3)秒表、温度计各 1 只。

(4)卷尺或 1 000mL 量筒 1 个。

四、实验步骤

(1)接通电源，开启水泵给水箱供水。

(2)到水箱里的水开始溢流后，轻轻打开尾阀，使管道通过小流量无色水，再打开指示剂开关(即蓝墨水通过的软管上的水阀)，使蓝颜色水流入管道。

(3)反复缓慢增大(或减小)流量，观察层流和紊流现象。

(4)从小到大缓慢调整流量，带色水的流动从直线状态至脉动临界状态，通过计量水箱，记录 30s 内流体的体积，并测量记录水温。

(5)调整水阀至带色水直线消失，再从大到小微调水阀至带色水直线重新出现，达到临界状态时，通过计量水箱，记录 30s 内流体的体积，并测量记录水温。

(6)层流到紊流以及紊流到层流实验各重复 3 次。

(7)实验完毕后，先关闭指示剂开关，然后关闭水泵，拔掉电源。

五、数据记录与计算

记录有关常数：管径 d=________ mm，水温 t=________ ℃。按表 1－4、表 1

-5 测量并记录数据，计算上、下临界雷诺数。

表 1-4　上临界雷诺数 Rec_1

次数	$\Delta v(m^3)$	$t(s)$	$Q(m^3/s)$	$u(m/s)$	Rec_1	平均 Rec_1
1						
2						
3						

表 1-5　下临界雷诺数 Rec_2

次数	$\Delta v(m^3)$	$t(s)$	$Q(m^3/s)$	$u(m/s)$	Rec_2	平均 Rec_2
1						
2						
3						

六、注意事项

(1)调整流量时，一定要慢，且要单方向调整(即从大到小或从小到大)，不能忽大忽小。

(2)指示剂开关的开度要适当，不要过大或过小。

(3)判断临界流速时，一定要准确。

(4)不要震动水箱、水管，以免干扰水流。

(5)实验时一定要注意用电安全。

七、思考题

(1)描述层流向紊流转化以及紊流向层流转化的实验现象。

(2)液体流态与哪些因素有关?

第三节　流体流动沿程阻力和局部阻力实验

一、实验目的

(1)观察流体稳定流动时在长为 L 等直管以及通过阀门时的能量损失情况。

(2)熟悉液体在管道中流动时的能量损失计算方法，并对能量损失有一个数量上的概念。

(3)掌握管道沿程阻力系数和局部阻力系数的测定方法。

二、实验原理

沿程阻力系数 λ:流体在等直管道中流动,由于摩擦阻力引起能量损失。对距离为 L 的两断面列能量方程可求得 L 长度上的沿程阻力损失 h_f。

$$h_f = \frac{P_1 - P_2}{\gamma} = \Delta h$$

由达西公式:$h_f=\lambda \cdot \frac{L}{d} \cdot \frac{u^2}{2g}$得 $\lambda=\frac{2gdh_f}{Lu^2}=\frac{2gd\Delta h}{Lu^2}$,并计算对应雷诺数 Re。

其中,Δh 由 U 型侧压管测得,用体积法测得流量并由 $u=\frac{Q}{A}$,计算 u 值。

局部阻力系数 ξ:在紊流情况下,因局部阻碍的强烈扰动大大加强了流体的紊流强度,局部阻力进入阻力平方区,ξ 仅与局部阻碍的形状有关而与 Re 无关。由 $h_f=\xi \cdot \frac{u^2}{2g}$,根据被测阀门两侧在压差板上的液柱高,得到压差 Δh,即表示流体流经阀门时的能量损失 h_f。由 $\xi=\frac{2g\Delta h}{u^2}$可确定该阀门的局部阻力系数。

三、实验设备与试剂

(1)流体综合实验台(沿程阻力系数、局部阻力系数实验管)1 套。

(2)被测阀门 1 只。

(3) U 形压差计 2 套。

(4)温度计、秒表、卷尺(或者 1 000mL 量筒)各 1 只。

四、实验步骤

(1)在流体综合实验台上确定所测等直管道和阀门以及所接的 U 型管。

(2)接通电源、开启水泵。待流体流动稳定后开始测试数据。

(3)从小到大调节阀门,在不同的速度点记录测压管数据和流量(体积法)。

(4)推荐做 6～10 个点。最后记录管径、管长和水温。

五、数据记录与计算

记录有关常数:管径 d =________mm,实验段长度 L=________cm,水温 t=________℃。将所得数据填入表 1-6、表 1-7 中。

表 1-6　等直径管道沿程阻力实验记录及计算表

序号	流量(m^3/s)				测压指示(mmH_2O)			沿程阻力系数 λ	雷诺数 Re
	水量(m^3)	时间(s)	流量(m^3/s)	流速(m/s)	左	右	压差(Δh)		
1									
2									
3									
4									
5									
6									
7									
8									
9									
10									

表 1-7　阀门阻力实验记录及计算表

序号	水量(m^3)	时间(s)	流量(m^3/s)	压差(Δh)	流速(m/s)	局阻系数 ξ	ξ 平均值
1							
2							
3							
4							
5							
6							

六、注意事项

(1)实验操作时，动作一定要轻，不要用力过猛，以免损坏仪器。

(2)压差下降要均匀，便于绘制曲线，提高实验精度。

(3)水位波动时，读取平均值。

(4)整理资料时,一定要注意单位的统一。

(5)实验时一定要注意用电安全。

七、思考题

绘制沿程阻力系数与雷诺数的关系曲线($\lg Re-\lg\lambda$)。

第四节　离心泵综合性能实验

一、实验目的

(1)了解离心泵综合性能实验装置的工作原理。

(2)掌握离心泵性能曲线($H-Q$、$N-Q$、$\eta-Q$)测试的基本方法及参数计算,绘制离心泵性能曲线。

(3)观察了解离心泵的气蚀现象和泵的串、并联工作状态,验证泵的串、并联工作特性。

二、实验原理

离心泵实验台主要由泵Ⅰ、泵Ⅱ、计量水箱、储水箱、压力表、真空表、管道及阀门组成。本实验的介质为水,由储水箱经离心泵供给,流经实验装置后,通过管道流回储水箱循环使用。

在测定泵的特性曲线时,稳定离心泵的转速,利用各阀门的开启和调节,形成泵Ⅰ单泵工作回路,在不同流量下测定一组相应的压力表、真空表和流量计的读数以及电流电压的计数,可读出一组泵的流量 Q、扬程 H、输入功率 N 等数据,最后可以绘制泵的 $H-Q$、$N-Q$、$\eta-Q$ 特性曲线。

1. 流量的测定

调节出水阀使流量稳定,关闭计量水箱阀门,使水流入到计量水箱中。记录时间 t(s)和计量水箱中水的体积 V(m^3)。可计算离心泵的流量

$$Q=\frac{V}{t}$$

2. 扬程的测定

以离心泵入口(截面 1)和泵出口(截面 2)列伯努利方程

$$Z_1+\frac{P_1}{\rho g}+\frac{u_1^2}{2g}+H=Z_2+\frac{P_2}{\rho g}+\frac{u_2^2}{2g}+H_f$$

整理得:

$$H=(Z_2-Z_1)+\frac{P_1-P_2}{\rho g}+\frac{u_2^2-u_1^2}{2g}+H_f$$

式中：P_1——压力表读数；

P_2——真空表读数；

Z_2-Z_1——压力表与真空表接出点位置差，本装置为0.10m；

u_1、u_2——进、出口流速($u_1=u_2$)；

H_f——泵入口和出口之间管路内流体阻力损失，当所选截面很近时，可记为0。

3. 轴功率的测定

由于离心泵通过电动机直接带动，电动机输出功率即为离心泵轴功率N。

$$N=\frac{UI\cos\varphi\eta_m}{1\ 000}$$

式中：U——电压(V)；

I——电流(A)；

$\cos\varphi$——功率因数，0.77；

η_m——电机效率，0.65。

4. 效率的测定

$$\eta=\frac{N_e}{N}$$

式中：N_e——离心泵的有效功率(kw)，$N_e=HQ\rho g/1\ 000$。

泵气蚀实验：利用相应阀门的开启和调节，形成泵Ⅰ单泵工作回路，并使储水箱由于水的抽出而产生真空，从而使泵的进口压力减小，直至发生气蚀。

泵的串、并联实验：利用相应阀门的开启和调节，形成两个泵的串、并联工作回路，观察串、并联工作现象，验证串、并联工作特性。

三、实验设备与试剂

(1)离心泵性能测试实验台。

(2)温度计1支。

(3)秒表1块。

实验系统如图1-2所示。

四、实验步骤

(1)观察实验装置结构，调节阀门，使泵Ⅰ成单泵工作状态。

(2)关闭出口阀，引水灌泵，使泵排气。接通电源，启动泵Ⅰ。

(3)关闭相关阀门，使泵Ⅰ成空载状态。读压力表、真空表、电压表、电流表读数。

图 1-2　离心泵性能实验装置

(4)略开阀门使泵Ⅰ开始给水，再读压力表、真空表、电压表、电流表读数；计量流量和时间。

(5)逐步开大阀门，改变泵的流量(工况点)，再测上述实验数据，推荐做 8～10 个工况点。

(6)计算并绘制泵的特性曲线。

(7)调节相关阀门使泵产生气蚀现象或串、并联工作，观察实验现象。

五、数据分析

(1)整理实验数据，统一单位，将数据记入表 1-8 中，计算各工况点 Q、H、N、η。

(2)绘制被测离心泵的性能曲线。$H-Q$、$N-Q$、$\eta-Q$。

(3)解释离心泵气蚀现象，描述串、并联工作特性。

表 1-8　离心泵性能曲线测试数据记录表

工况＼参数	P_1 (MPa)	P_2 (MPa)	U (V)	I (A)	V (m^3)	t (s)	备注
空载							
1							
2							
3							
4							
5							
6							
7							
8							
9							
10							

注：t_a(气温)＝________℃。

六、思考题

(1)离心泵在启动前为什么要引水灌泵？

(2)为什么离心泵的出口阀可用来调节流量？往复泵是否可采用同样的方法调节流量？

(3)为什么在离心泵进口管下安装底阀？

第五节　风机性能曲线测试实验

一、实验目的

(1)了解风机空气动力性能实验的基本过程。

(2)掌握风机性能曲线测试的基本原理和特性参数测试的基本方法。

(3)熟悉风机基本特性参数的计算方法与换算。

二、实验原理

风机性能曲线一般包括 $P-Q$、$N-Q$、$\eta-Q$ 三条曲线。实验中需测出不同工况点的风量、风压和功率，并计算出对应工况点的效率。在此基础上绘制风机性能曲线。

风机性能实验装置如图 1-3 所示，风管进风口为锥形集流器，在集流器的一个断面上，设有四个测压孔（互成 90°）用四根橡胶管接到一根联通管上，联通管与斜管测压计（指示剂为酒精）相连，用于测量管道空气流量。

图 1-3　风机气动性能实验装置

1. 风量的测定

以风机风管入口（截面 1）和集流器测压断面（截面 2）列伯努利方程

$$Z_1+\frac{P_1}{\rho g}+\frac{u_1^2}{2g}=Z_2+\frac{P_2}{\rho g}+\frac{u_2^2}{2g}+H_f$$

式中：P_1——风管入口的表压，0；

P_2——集流器测压断面的表压（Pa），由斜管压差计测定（其倾斜系数为 k）；

Z_2、Z_1——风管入口和集流器测压断面的位置差，本装置为 0；

u_1——风管入口流速，0；

u_2——集流器测压断面流速（m/s）；

H_f——风管入口和集流器测压断面管路内流体阻力损失，当所选截面很近时，可记为 0。

整理得：

$$u=\sqrt{2gh_1\frac{\rho_{酒}}{\rho_{空}}}\quad h_1=L_1k\quad Q=\Phi Au_2$$

式中：L_1——测压管读数(mm)；

Φ——集流系数，0.98；

A——集流器面积(m^2)。

2. 静风压的测定

在风管断面上也有四个测压孔(互成 90°)，同样用四根橡胶管接到一根联通管上，联通管与斜管测压计相连，用于测量进口风管压力，此压力为静风压 P(将测量值换算成 Pa)。

$$P=1.57\rho_{酒}\,gh_2\quad h=L_2k$$

式中：1.57——本装置的风压修正系数。

3. 功率的测定

电机输出功率即为风机输入功率，该功率通过测量电机电压、电流由下式计算：

$$N=\frac{UI\cos\varphi\cdot\eta_{电}}{1\,000}$$

式中：U——电压(V)；

I——电流(A)；

$\cos\varphi$——功率因数，0.85；

$\eta_{电}$——电机效率，0.7。

4. 效率的测定

$$\eta=\frac{N_e}{N}$$

式中：N_e——风机的有效功率，$N_e=PQ/1\,000$。

三、实验设备与试剂

(1)实验风管。

(2)被测风机。

(3)测功电机。

(4)斜管测压计 2 座。

(5)空盒气压计。

(6)温度计。

(7)联通橡胶管若干。

(8)电流电压测试台。

其中各实验系统参数如下：

集流器直径：d_1＝0.2m；风管直径：d_2＝0.28m；集流器流量系数：Φ＝0.96；风机进口直径：d_3＝0.28m；风机出口直径：d_4＝0.21m。

实验系统如图 2－3 所示。

四、实验步骤

(1)观察系统结构，若无异常，接通电源，待设备运行稳定。

(2)进行第一工况下的测试(此时为最大风量)，记录进口风压 L_1，风机风压 L_2，电机 U，电机 I。并测试环境温度。

(3)在节流网上均匀对称的加上一定量的小圆纸片来调节风量，以改变风机的工况，每调节一次风量即改变一次工况，一般取 8～10 个工况，包括全开和全闭，每一工况重复步骤 2。

(4)最后一个工况(近拟全闭)，用纸片或大报纸将节流阀全部堵死，此时 L_1 最小、L_2 最大。

(5)测试完毕后，利用实验装置相关原始参数即可进行计算。

五、数据分析

(1)整理实验数据，统一单位，将数据记入表 1－9 中，计算各工况点 Q、P、N、η。

表 1－9　风机性能曲线测试数据记录表

测试工况	进口风压 L_1		风机风压 L_2		电机电压 U	电机电流 I
	(mmH_2O)	(Pa)	(mmH_2O)	(Pa)	(V)	(A)
1						
2						
3						
4						
5						
6						
7						
8						
9						
10						

注：t_a(气温)＝________℃。

(2)绘制被测风机的性能曲线。$H-Q$、$N-Q$、$\eta-Q$。

六、思考题

(1)分析误差产生的原因。

(2)风机风压可分为全风压和静风压，两者有何区别？

(3)离心式通风机可用何种方法来调节流量？

第六节　换热器性能综合实验

一、实验目的

(1)了解换热器性能实验装置的工作原理。

(2)掌握换热器总传热系数 K 值(顺流、逆流)的测定与计算方法。

(3)比较顺流与逆流的传热效果。

二、实验原理

本实验换热器为套管换热器，在换热器中需要交换热量的冷热流体分别在内外套管流动，总交换热量为(以外表面为基准)：

$$K=\frac{Q}{A\Delta t_m}$$

式中：Q——单位时间交换的热量(w)；

K——以外表面为基准的总换热系数[w/(m·℃)]；

A——套管式换热器管外传热面积，0.45m^2；

Δt_m——冷水和热水的传热平均温度差(℃)，其计算如图 1-4 所示。

$$\Delta t_m=\frac{\Delta t_1-\Delta t_2}{\ln\frac{\Delta t_1}{\Delta t_2}}$$

式中：Δt_1——冷热流体温差较大者，(℃)；

Δt_2——冷热流体温差较小者，(℃)。

实验中待各项温度达到稳定工况时，测出冷、热流体进出、口温度和冷、热流体的流量，由下式计算总传热量(以冷流体为计算依据)：

$$Q=G_1c_{p1}(t_1-t_2)$$

式中：G_1——冷水质量流量，(kg/s)；

c_{p1}——冷水定压比热容，[J/(kg·℃)]，可根据定性温度 t_m查得，$t_m=\frac{t_1+t_2}{2}$

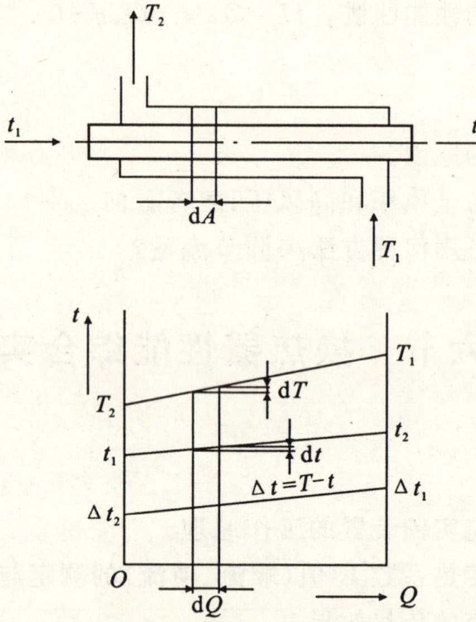

图 1－4　平均温差计算

为冷水进出口平均温度(℃)；

t_1、t_2——冷水的进、出口温度(℃)。

由测得的温度和计算的传热量、平均温差即可求得总传热系数 K 值。

三、实验设备与试剂

(1)换热器性能测试实验台 1 套。

(2)温度计 1 支。

实验系统如图 1－5 所示。

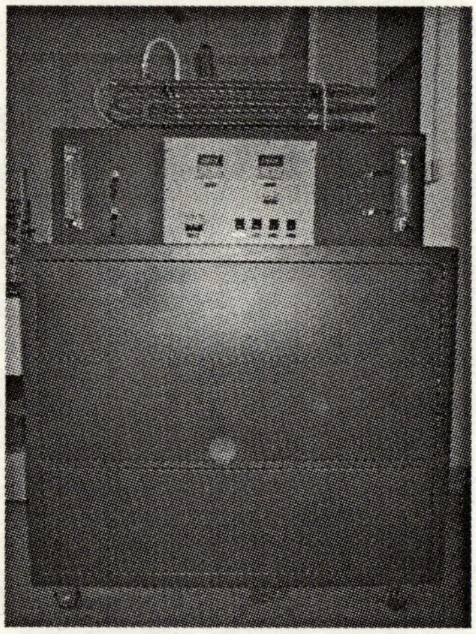

图 1－5　换热器性能实验装置

四、实验步骤

(1)观察实验装置结构，了解冷、热管道走向及流量、温度和阀门控制原理。

(2)将热水箱加满水，调节温度控制开关，接通电源，开始加热。

(3)将阀门扳动至顺流方式，待水加热至设定温度时，启动水泵，打开冷水管，调节冷、热水流量，开始进行换热实验。

(4)待仪器运行稳定 5～10min 后，记录冷热水进、出口温度和冷水流量。

(5)微调冷、热水水量，重复上述过程(4)，测定5组顺流实验数据，K取平均值。

(6)将阀门扳动至逆流方式，重复上述过程(3)、(4)、(5)，测定5组逆流实验数据，K取平均值。

五、数据分析

整理实验数据，统一单位，将数据记入表1-10中，计算顺流、逆流换热的K值。

表1-10　离心泵性能曲线测试数据记录表

工况 \ 参数		热水进口温度 t_1(℃)	热水出口温度 t_2(℃)	冷水进口温度 t_1(℃)	冷水出口温度 t_2(℃)	冷水流量 G_1(m^3/s)	备注
顺流	1						
	2						
	3						
	4						
	5						
逆流	1						
	2						
	3						
	4						
	5						

注：t_a(气温)=________℃。

六、思考题

(1)根据顺流和逆流总换热系数的大小，比较两者换热的差别，解释其原因。

(2)影响总传热系数的因素有哪些？

(3)在实验中应如何控制相关因素以减小实验误差？

第七节　填料塔吸收总传质系数的测定实验

一、实验目的

(1)了解填料塔吸收装置的结构及流程。

(2)掌握以总传质系数K_{Ya}和总传质单元高度H_{OG}的测定方法。

(3)分析不同操作条件对吸收传质系数的影响。

二、实验原理

气体吸收是典型的传质过程之一。本实验采用水吸收空气中的氨组分。一般将配置的原料气中的氨浓度控制在10%以内,所以吸收的计算方法可按低浓度来处理。氨气极易溶解于水,所以此体系氨气的吸收过程属于气膜控制过程。因此,本实验主要测定 K_{Ya} 和 H_{OG}。

1. 测定方法

(1)空气流量和水流量的测定:本实验采用转子流量计测得气相和液相的流量,并根据实验条件(温度和压力)和有关公式换算成空气和水的摩尔流量 G 和 L。

(2)测定填料层高度 Z 和塔径 D。

(3)测定塔顶和塔底气相组成 Y_2 和 Y_1。

(4)平衡关系。

本实验为低浓度吸收,气液相平衡服从亨利定律,可写成

$$Y^* = mX \quad m = E/P$$

式中:m——相平衡常数;

E——亨利系数,$E=f(t)$(Pa),根据液相温度由附录查得;

P——总压(绝对压强)(Pa);

X——液相组成(kmol/kmol)。

本实验采用清水作为吸收剂,故 $X_2=0$。当填料塔逆流操作时,由操作线方程

$$G(Y_1 - Y_2) = L(X_1 - X_2)$$

可得 X_1。

2. 总传质系数的计算公式

填料层高度

$$Z = \frac{G}{K_{Ya}\Omega}\int_{Y_2}^{Y_1}\frac{\mathrm{d}Y}{Y - Y^*} = \frac{G}{K_{Ya}\Omega}\cdot\frac{\Delta Y_1 - \Delta Y_2}{\Delta Y_m} = H_{OG}\cdot N_{OG}$$

整理得

$$K_{Ya} = \frac{G}{Z\Omega}\cdot\frac{\Delta Y_1 - \Delta Y_2}{\Delta Y_m}$$

$$H_{OG} = \frac{Z}{N_{OG}} = Z/\left(\frac{\Delta Y_1 - \Delta Y_2}{\Delta Y_m}\right)$$

式中:G——空气通过塔截面的摩尔流量(kmol/s);

K_{Ya}——以 ΔY 为推动力的气相总传质系数[kmol /(m³ · s)];

Ω——塔截面积(m²);

H_{OG}——液相总传质单元高度(m)；

N_{OG}——液相总传质单元数，无因次；

ΔY_1——浓端推动力，$\Delta Y_1 = Y_1 - Y_1^*$；

ΔY_2——稀端推动力，$\Delta Y_2 = Y_2 - Y_2^*$。

3. 尾气的测定

在尾气吸收管中装入一定浓度、一定体积的稀硫酸作为吸收液，并加入指示剂甲基红。当被分析的尾气样品通过吸收管后，尾气中的氨被硫酸吸收，空气部分由气体流量计测量。由于加入的硫酸量和浓度已知，尾气中氨的浓度

$$Y_2 = \frac{n_{氨}}{n_{空气}} = \frac{2M_{H_2SO_4}V_{H_2SO_4}}{(V_{气} \times \frac{T_0}{T_{气}})/22.4}$$

式中：$n_{氨}$、$n_{空气}$——分别为氨和空气的摩尔分数；

$M_{H_2SO_4}$——硫酸溶液的体积摩尔浓度(mol/L)；

$V_{H_2SO_4}$——硫酸溶液的体积(mL)；

$V_{气}$、$T_{气}$——分别为通过流量计的尾气的总体积(mL)和相应的温度(K)；

T_0——标准状态下的绝对温度，273K。

三、实验设备与试剂

(1)填料吸收塔。

(2)空气转子流量计。

(3)氨气转子流量计。

(4)水转子流量计。

(5)湿式气体流量计。

(6)温度计。

(7)氨瓶。

其工作原理如下：

吸收装置水经流量计后送入填料塔塔顶经喷淋头喷淋在填料顶层。风机把空气送入稳定罐后和由氨瓶来的氨气在管道混合后，经流量计再直接进入塔底，与水在塔内进行逆流接触，进行质量和热量的交换，由塔顶出来的尾气经阀门控制后放空，塔底液体则排入地沟。由于本实验为低浓度气体的吸收，所以热量交换可略，整个实验过程看成是等温操作。

四、实验步骤

(1)熟悉实验流程及仪器结构、原理、使用方法及其注意事项后，打开仪表电源

开关。

(2)开启进水阀门,让水进入填料塔润湿填料,仔细调节转子流量计,使其流量稳定在某一实验值。

(3)打开风机电源开关,仔细调节空气流量控制阀门的开度,使其流量稳定在某一实验值。

(4)打开氨瓶总阀,并缓慢调节钢瓶的减压阀,使其压力稳定在需要值。

(5)在空气、氨以及水的流量不变的条件下操作一段时间,待塔操作稳定后(约10～15min),读取各流量计的读数及温度、压力,并记录数据,分析塔顶尾气的浓度。

(6)固定氨气的流量,改变空气或液体喷淋量,重复步骤(5),共测试6～8组数据。

(7)实验完毕,关闭氨气转子流量计、氨瓶总阀、水转子流量计,再关闭风机电源开关、进水阀门,然后待其中的压力都降到接近常压时关闭仪表电源开关。

五、数据分析

(1)将不同条件的实验原始数据记入表1-11中。

(2)计算总传质系数和传质单元高度。

(3)比较不同条件的结果并得出结论。

表1-11　吸收传质系数测定实验数据记录表

编号	空气流量(m^3/h)	氨气流量(L/h)	水流量(L/h)	进塔氨气(V%)	出塔氨气(V%)	塔内压强差(Pa)	气温t_1(℃)	液温t_2(℃)
1								
2								
3								
4								
5								
6								
7								
8								

注:P_a(大气压)=________Pa。

六、思考题

(1)测定 K_{Ya} 有什么工程意义?

(2)为什么氨气吸收过程属于气膜控制?

(3)采用何种方法可提高吸收装置的吸收效率?

第八节　干燥曲线与速率曲线的测定

一、实验目的

(1)熟悉实验室干燥设备的基本流程和工作原理。

(2)掌握物料干燥曲线和速度曲线的测试方法。

(3)了解干燥曲线和速度曲线的影响因素。

二、实验原理

干燥操作是采用某种方式将热量传给含水物料,使含水物料中水分蒸发分离的操作,是一个热量、质量同时传递的过程。本实验是用一定温度的热空气作为干燥介质,在恒定干燥条件下,即热空气的温度、湿度、流速及与湿物料的接触方式不变的条件下,来除去湿物料中的水分。

干燥曲线是指物料在干燥过程中含水量 X 与干燥时间 τ 的关系曲线。湿物料的干基含水量 X 为

$$X=\frac{\text{湿物料中水分的质量}}{\text{湿物料中绝干物料的质量}}=\frac{L-L_c}{L_c}$$

式中:L——湿物料的总质量(kg);

L_c——湿物料中绝干物料的质量(kg)。

干燥速率曲线是指物料干燥速率 U 与物料干基含水量 X 的关系曲线。物料的干燥过程可以分为两个阶段,即等速干燥阶段和降速干燥阶段。

当湿物料和热空气接触时,被预热升温并开始干燥,在恒定干燥条件下,若水分在表面的汽化速率小于或等于从物料内层向表面层迁移的速率时,物料表面仍被水分完全润湿,干燥速率保持不变,称为等速干燥阶段或表面汽化控制阶段。

当物料的含水量降至临界湿含量以下时,物料表面仅部分润湿,且物料内部水分向表层的迁移速率又低于水分在物料表面的汽化速率时,干燥速率就不断下降,称为降速干燥阶段或内部扩散阶段。

干燥速率 U 为单位时间内单位干燥表面积上气化的水分量,其计算方法为

$$U=\frac{dW}{Ad\tau}=-\frac{L_c dX}{Ad\tau}$$

式中：A——为干燥面积(m^2)；

W——为 τ_i 时湿物料被干燥掉的水分量(kg)；

$d\tau$——干燥时间(s)。

三、实验设备与试剂

(1)风机。

(2)加热器：4kW，2 根。

(3)干燥室。

(4)称重传感器。

(5)孔板流量计。

本实验流程如图 1－6 所示。

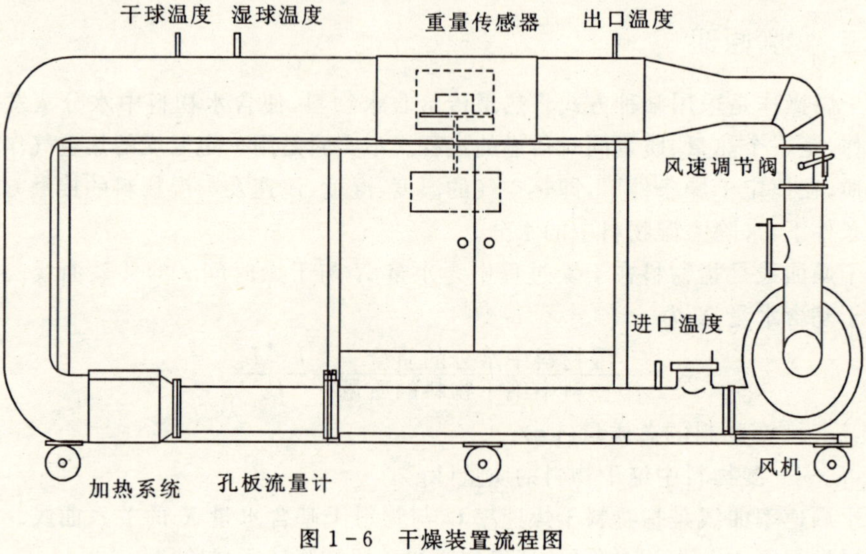

图 1－6　干燥装置流程图

四、实验步骤

(1)首先将待测试样放在烘箱内，在 100℃左右加热至恒重，冷却后称重得绝干物料质量 L_c，再将干物料置于水中浸湿。

(2)调节天平平衡，开启仪表电源，并打开风机按钮。

(3)经过 1min 后按启动电加热按钮(注意：必须开启风机后才能开加热器的电源，否则会把加热器烧坏)，进行加热。其中一组电加热器的电压是固定不可调节的，另一组加热器的电压可通过手动调节旋钮调节电压数值以控制加热温度。经过 1min 后按启动电加热按钮，进行加热。通过调节加热器温度调整旋钮，调节温度至预定值。

(4)开始加热时，可同时启动固定加热器和手动调节旋钮加热器进行快速加热，但当加热温度快达到实验温度时，关闭固定的加热器的电源，只用手动调节的一组加热器，通过手动旋钮调节电压以控制加热温度。

(5)当加热温度稳定在设定温度时，把湿物料放入干燥室中的试样架中。但是，在把湿纸板放入试样架之前，必须按绿色的电子天平复零键，使电子天平复零，之后才能把试样放入干燥室的试样架中(注意把试样放入试样架时，必须一手扶住试样架，一手拿着试样慢慢放入，不能使试样架转动，以免把称量传感器损坏)。

(6)试样放入后，当试样重量达到某一整数时，开始记录第一组数据，然后每蒸发 3g 水量记录一次数据，如此重复，直到数据基本不变化为止。

(7)实验完毕关闭电加热器的电源，15min 后才能关闭风机电源，关闭仪表电源。

五、数据分析

(1)将原始数据记录到表 1－12 中，计算出 X、u 等数值。

(2)根据实验结果绘制干燥曲线和干燥速率曲线。

表 1－12　干燥曲线和干燥速率曲线测定实验数据记录表

序号	砝码质量 (g)	干燥时间 (s)	干燥温度 t_1(℃)	湿球温度 t_w(℃)	出口温度 t_2(℃)	进口温度 (℃)	空气压差 (Pa)
1							
2							
3							
4							
5							
6							
7							
8							

注：绝干物料质量＝______ kg，湿物料初始质量＝______ kg，干燥表面积＝______ m^2。

六、思考题

(1)实验过程中干、湿球温度计是否变化？为什么？

(2)恒定干燥条件是指什么？

(3)测定干燥速率曲线有何意义？

第二章　工程测量学实验

《工程测量学》是环境工程专业必修的技术基础课，是一门实践性很强的课程。本课程通过课堂讲授、答疑、实习等教学环节，使学生掌握测量学的基本知识和技能，解决环境工程中的测量计算问题，培养实际工作能力。课程教学的基本要求是：通过教学活动，应使学生了解常规测量仪器的构造和作用，并对工程测量学的新理论、新技术、新仪器和新方法有所了解。理解测量工作的基本程序。掌握常规测量仪器的使用要领，能够独立完成角度测量、距离测量、高程测量和地形图测绘等基本的测量工作，掌握测量数据处理的基本知识和技能，为后续课程的学习打下良好的基础。

第一节　罗盘仪的结构与使用方法

一、实验目的

(1)掌握运用罗盘仪测定磁方位角的方法。

(2)理解正、反方位角的关系平均值的计算方法。

(3)认识地质罗盘仪，并用罗盘仪测定任一直线的正、反磁方位角，比较后取平均值。

二、实验仪器与工具

(1)罗盘仪 1 套，罗盘仪是测定磁方位角的仪器，其主要部件有：磁针（南段绕以铜丝）、长觇板、反光镜和刻度盘等。

(2)自备铅笔、小刀、记录板、记录表格等。

三、实验步骤

(1)在 *A* 点安置罗盘仪，对中整平后，松开磁针固定螺丝放下磁针，再松开水平制动螺旋，使磁针能自由旋转，用反光望远镜瞄准 *B* 点，待磁针静止后，读取磁针北端在刻度盘上的读数（若反光镜与刻度盘的 180°在同一侧，则用磁针南端读数），即为 *AB* 边的正磁方位角；顺时针转动罗盘盒，用反光镜瞄准 *F* 点，同方法读数，即为 FA 边的反磁方位角。

(2)将罗盘仪搬至 B 点安置，瞄准 C 点，测出 BC 边的正磁方位角；瞄准 A 点，测出 AB 边的反磁方位角。同法分别在 C、D、E、F 等点分别安置仪器观测读数。若各边正、反磁方位角的差值在 179°～180°之间，取其平均值做为最后的结果。即

$$\alpha_{平均}=[\alpha_{正}+(\alpha_{反}\pm 180°)]/2$$

若未布设导线，则在各直线两端分别安置罗盘仪，观测其正、反磁方位角。

四、数据分析

记录并计算数据，将数据填入表 2－1。

表 2－1　罗盘仪测磁记录

仪器号______　班组______　观测者______　记录者______　日期______

直线	正方位角	反方位角	平均方位角	互差	备注
AB					
BC					
CD					
DE					
EF					
FA					

五、注意事项

(1)选点时要注意避开导磁金属及高压线的干扰，取出仪器或搬站时要先固定好磁针。

(2)测定磁方位角时，要认清磁针的指北、指南针，弄清应该用指北针还是指南针读数。

(3)各边正、反方位角值要及时的比较，若误差超限，应立刻查明原因并重测。

(4)观测目标高于水平视线：把觇板竖直，两手托住罗盘，紧靠观测者腹部，将度盘零度方向对准目标，观察反光镜，转动头部使长觇板的像的中线与反光镜中线重合，再转动身体，直至长觇板的像和目标的像同时被目标的中线所平分，并保持水准器的气泡居中，即可按磁针北端读取磁方位角。

(5)观测目标低于水平视线：把罗盘零刻度线靠向观测者，180°刻度线对准目标，并使水准器气泡居中，从长觇板上的尖端经过镜子下方的透明椭圆孔的中线来

照准，按磁针南端读取磁方位角。

六、思考题

运用公式 $\alpha_{平均}=[\alpha_{正}+(\alpha_{反}\pm180°)]/2$ 时，何时取+180°？何时取-180°？

第二节　DJ6 级经纬仪的使用

一、实验目的

(1)了解 DJ6 级光学经纬仪的基本构造。

(2)熟悉 DJ6 级光学经纬仪的各个部件及其作用。

(3)掌握 DJ6 级光学经纬仪的安置方法。

(4)掌握 DJ6 级光学经纬仪的操作和读数方法。

(5)掌握 DJ6 级光学经纬仪平盘读数的配置方法。

(6)熟悉掌握 DJ6 级光学经纬仪各个部件的功能。

(7)学会安置整平仪器，观察、安置并照准不同的目标读取 4～6 平盘读数和 4～6 竖盘读数。

二、实验仪器与工具

每 6 人一组，每组配备 DJ6 级光学经纬仪 1 台。

三、方法和步骤

(1)详细介绍 DJ6 级光学经纬仪的基本构造、各个部件及其作用。

(2)详细讲解 DJ6 级光学经纬仪的正确使用方法并示范。

(3)对中(垂球法)：打开三脚架，置于地面标定点正上方，使架头大致水平，高度与观测者身高相适应。装上仪器，拧紧中心螺旋，挂上垂球。平移脚架，使垂球尖大致对准测站点，保持架头大致水平，踩紧脚架。稍松中心螺旋，在架头上平移仪器，使垂球尖精确对准测站点，最后旋紧中心螺旋。

(4)整平：松开照准部制动螺旋，转动照准部，使照准部水准管平行于任意二脚螺旋之连线方向。同时相对旋转该两脚螺旋，使管水准气泡居中。照准部平转90°，转动第三只脚螺旋，使管水准气泡居中。如此反复进行，直至照准部转到任何位置管水准气泡均居中为止。

(5)照准：借助望远镜上的准星或粗瞄器对准目标，旋紧照准部和望远镜的制动螺旋。目镜对光，使十字丝最清晰；物镜对光，使目标影像最清晰；检查并消除视差。转动照准部和望远镜的微动螺旋，使十字丝单纵丝平分目标影像，或者目标影像平分十字丝的双纵丝。

(6)读数：调节采光镜的位置，使读数窗的亮度适度且均匀；旋转读数显微镜目镜，使度盘和测微尺的影像清晰。读取落在分微尺上的某度盘分划线所注记的度数；再以该分划线为指标，读取分微尺上度以下的读数，并估读至 0.1′；二者之和即为完整读数。

(7)平盘读数的配置：水平角观测中，要求各测回起始方向的平盘读数均匀分布在平盘规定位置，以减小平盘分划误差的影响。配置方法：照准目标后，利用平盘读数变换手轮进行平盘读数配置。

四、数据分析

按表 2-2 计算并填写数据。

表 2-2　DJ6 级光学经纬仪的认识和使用

班级________　组号______　组长(签名)________　仪器________　编号________

成像________　测量时间：自____：____　测至____：____日期：______年____月____日

<table>
<tr><th>测站</th><th>目标</th><th>竖盘位置</th><th>水平度盘读数
(°　′　″)</th><th>半测回角值
(°　′　″)</th><th>一测回平均角值(°　′　″)</th><th>备注</th></tr>
<tr><td rowspan="4">1</td><td>A</td><td rowspan="2">左</td><td></td><td rowspan="2"></td><td rowspan="4"></td><td rowspan="4">一测回水平方向标准偏差应不大于6″</td></tr>
<tr><td>B</td><td></td></tr>
<tr><td>A</td><td rowspan="2">右</td><td></td><td rowspan="2"></td></tr>
<tr><td>B</td><td></td></tr>
</table>

五、注意事项

(1)垂球对中误差不得超过 2mm。

(2)仪器整平误差不得超过 1 格。

(3)使用制动螺旋，达到制动目的即可，不可强力过量旋转。

(4)微动螺旋应始终使用其中部，不可强力过量旋转。

(5)照准目标时，应注意检查并消除视差。

(6)度盘读数的直读位应正确，估读位应尽量准确。

六、思考题

(1)对照仪器找到补偿器锁紧轮、光学对点器目镜、转盘手轮、基座锁紧轮、指标差盖板等部件的位置，分析其作用。

(2)瞄准物体时如何消除视差？

第三节　测回法观测水平角

一、实验目的

(1)进一步熟悉 DJ6 级光学经纬仪的正确使用。

(2)掌握测回法观测水平角的观测程序及记录和计算的方法。

(3)熟悉测回法的精度指标。

(4)用 DJ6 级光学经纬仪按测回法完成水平角观测。

二、实验仪器与工具

每 6 人一组，每组配备 DJ6 级光学经纬仪 1 台。

三、实验步骤

(1)安置仪器于测站(即角度顶点)，进行对中和整平。

(2)盘左照准左方目标 A，读记平盘读数 a_L。

(3)盘左顺时针方向转动照准部，照准右方目标 B，读记平盘读数 b_L。

(4)以上为上半测回步骤，计算上半测回角值 $\beta_L=b_L-a_L$。

(5)纵轴方向转动望远镜，变为盘右。

(6)盘右逆时针方向转动照准部，照准右方目标 B，读记平盘读数 b_R。

(7)盘右继续逆时针方向转动照准部，照准左方目标 A，读记平盘读数 a_R。

(8)以上为下半侧回，计算下半测回角值 $\beta_R=b_R-a_R$。

(9)计算上、下半测回角值较差 $\Delta\beta_L=\beta_R-\beta_L$。

(10)若 $\Delta\beta$ 大于容许较差，则未达到精度，应予重测。若 $\Delta\beta$ 未超过容许较差，表明达到精度，则计算一测回角值 $\beta=(\beta_L+\beta_R)/2$。

(11)依同法完成其余测回的观测，检查各测回角值互差是否超限，并计算平均角值。

四、数据整理

按测回法观测水平角记录(表 2－3)填写数据。

表 2-3　测回法测量水平角记录表

班级________　组号______　组长(签名)________　仪器________　编号________

成像________　测量时间:自____:____　测至____:____日期:______年____月____日

测回序号	竖盘位置	照准点名称	水平度盘读数(° ′ ″)	半测回角值(° ′ ″)	一测回角值(° ′ ″)	草图
第一测回	左	*A*				
第一测回	左	*B*				
第一测回	右	*A*				
第一测回	右	*B*				
第二测回	左	*A*				
第二测回	左	*B*				
第二测回	右	*A*				
第二测回	右	*B*				

第四节　方向观测法测水平角

一、实验目的

(1)进一步熟悉 DJ6 级光学经纬仪的正确使用。

(2)掌握方向观测法观测水平角的观测程序及记录和计算的方法。

(3)掌握方向观测法的精度指标。

二、实验原理

当一个测站上需观测两个以上方向所夹的角度时,在上、下各半测回中依次对各方向进行观测,且求得各方向值,上、下两个半测回合为一测回,该法即称为合向观测法,也叫全圆观测法。

三、实验仪器与工具

每 6 人一组,每组配备 DJ6 级光学经纬仪 1 台。

四、实验步骤

(1)选定一点作为测站点 *O*,在 *O* 点安置仪器,对仪器进行对中、整平。

(2)盘左以合适位置瞄准起始方向 *A*,读记平盘读数。

(3)顺时针转动照准部依次瞄准 *B*、*C*、*D*、*A*,分别读计平盘读数。

(4)倒镜盘右瞄准 A,读计平盘读数。

(5)逆时针转动照准部依次瞄准 D、C、B、A,分别读计平盘读数。

五、数据分析

方向测回法观测值的计算步骤如下:

(1)填入两倍照准误差 $2c$ 值。

$2c$=盘左读数-(盘右读数±180°)

(2)填入各方向的平均读数。

平均读数=[盘左读数+(盘右读数±180°)]/2

(3)计算归零后的方向值(归零:当再次瞄准起始目标时)。

归零方向值=计算出的各方向的平均读数-起始方向的平均读数

(4)计算各测回归零后方向值的平均值。

计算各水平角值,需将相邻两方向值相减即可求的。

(5)将所得数据填入表 2-4 中。

表 2-4　方向观测法测水平角

班级________　组号______　组长(签名)________　仪器________　编号________

测量时间:自____:____　测至____:____　日期:______年____月____日

测站	测回数	目标	读数		2c=左-(右±180°)	平均读数=[左+(右±180°)]/2	归零后方向值	各测回归零方向值的平均值	各水平角的数值
			盘左	盘右					
			(° ′ ″)	(° ′ ″)	(° ′ ″)	(° ′ ″)	(″)	(° ′ ″)	(° ′ ″)
1	2	3	4	5	6	7	8	9	
0	1	A							
		B							
		C							
		D							
		A							
0	1	A							
		D							
		C							
		B							
		A							

注:四舍六入,单进双不进。

六、注意事项

(1)仪器安置稳妥,观测过程中不可触动三脚架。

(2)观测过程中,照准部水准管气泡偏移不得超过 1 格。测回间允许重新整平,测回中不得重新整平。

(3)各测回盘左照准左方目标时,应按规定配置平盘读数。

(4)观测过程中,切勿转动度盘变换手轮,以免出现错误。

(5)盘左顺时针方向转动照准部,盘右逆时针方向转动照准部。半测回内,不得反向转动照准部。

(6)观测者和记录者应坚持回报制度。

(7)平盘顺时针方向刻划。故计算角值时,应用右方目标的读数减左方目标的读数。不够减出现负角值时,应加上 360°。

(8)容许较差不大于 40″。

第五节　竖直角观测

一、实验目的

(1)熟悉经纬仪竖盘的构造特点及注记形式。

(2)掌握水平始读数 *MO* 的测算方法。

(3)掌握竖直角观测的观测程序及记录和计算的方法。

(4)用 DJ6 级光学经纬仪完成竖直角观测。

二、实验仪器与工具

每 6 人一组,每组配备 DJ6 级光学经纬仪 1 台。

三、实验步骤

(1)指导教师详细介绍 DJ6 级光学经纬仪竖盘的构造和竖直角的观测方法。

(2)安置仪器于测站,进行对中和整平。

(3)判断竖盘注记形式:盘左,仰角,若竖盘读数大于 90°,则为全圆逆时针注记(天顶读数为 180°);若竖盘读数小于 90°,则为全圆顺时针注记(天顶读数为 0°)。

(4)测算水平始读数 *MO*:选择远近适中、轮廓分明、影像清晰、成像稳定的目标。盘左、盘右分别照准该目标,在竖盘读数指标管水准气泡严格居中的情况下

(或竖盘读数指标自动归零补偿器处于工作状态),分别读取盘左竖盘读数 L 和盘右竖盘读数 R,并计算竖盘水平始读数 $MO=(L+R-180°)/2$ 和竖盘指标差 $x=MO-90°$。

(5)选定一个仰角目标,盘左、盘右分别照准,中丝切准目标,读记竖盘读数,计算竖盘水平始读数 MO 和竖盘指标差 x,计算该目标的高度角 α 和天顶距 Z。

(6)选定一个俯角目标,完成同样的观测、记录和计算。

(7)选定若干个目标,只用盘左位置完成其观测、记录和计算。

(8)选定若干个目标,只用盘右位置完成其观测、记录和计算。

四、数据分析

将所得的竖直角观测记录数据填入表 2-5 中。

表 2-5　竖直角观测手簿

日期＿＿＿＿＿　天气＿＿＿＿＿　班组＿＿＿＿＿　仪器号＿＿＿＿＿

观测者＿＿＿＿＿　记录者＿＿＿＿＿

测站点名	照准点名称	竖盘位置	竖盘读数	半测回角值	竖盘指标差（° ′ ″）	一测回角值（° ′ ″）	仪器高（m）	觇标高（m）	照准觇标位置示意图
O	A								
	A								
P	B								
	B								

五、注意事项

(1)照准目标时,应检查并消除视差。

(2)盘左、盘右观测同一目标时,应用十字丝横丝切准目标的同一部位。

(3)为了消除仪器检校残存误差的影响,盘左、盘右观测同一目标时,目标影像应位于十字丝竖丝左、右的对称位置。

(4)每次读数前,应使竖盘读数指标管水准气泡严格居中(或竖盘读数指标自动归零补偿器处于工作状态)。

(5)观测不同目标或同一目标不同测回所计算的多个竖盘指标差,其最大较差

Δx_{max}不得超过 25″，超限应重测。

(6)注意高度角 α 的符号，α 为正即为仰角；α 为负即为俯角。故高度角的正、负号必须书写，特别是“＋”号不可省略。

第六节　视距测量

一、实验目的

(1)了解视距法的测量原理。

(2)学会在实地如何选择测点，掌握视距测量的施测方法。

二、实验仪器与工具

实验小组由 4～5 人组成，每组 DJ6 型经纬仪 1 台，视距尺 2 根。

三、实验步骤

(1)将经纬仪安置在测站上，对中、整平。

(2)测量仪器高 i(量至经纬仪水平轴，精确到厘米)。

(3)将视距尺竖立于待测点上，用望远镜瞄准视距尺，分别读出上、下视距丝和中丝读数(此时要注意检查三丝读数是否正确)，再读取竖盘读数。所读数据记录在表中。

(4)利用上下视距丝读数算出尺间隔，把竖盘读数换算成竖角，然后计算测点至测站的水平距离及测点高程。

四、数据分析

将视距测量数据记录于表 2-6 中。

表 2-6　视距测量记录手簿

日期________天气________班组________仪器号________

观测者________记录者________

目标	中丝读数	上丝读数	下丝读数	尺间隔	竖盘读数	竖角	高差	水平距离	观测点高程	备注

五、注意事项

(1)视距尺读数时一般上丝读数加下丝读数除以 2 应等于中丝读数。如不等，两者较差不得超过 6mm。

(2)读数前必须使指标水准管气泡居中，或有竖盘自动补偿装置的必须置于“ON”的位置。

第七节　DSZ3 自动安平水准仪的认识和使用

一、实验目的

(1)了解 DSZ3 型水准仪各部件及作用。

(2)练习水准仪的安置、整平、瞄准与读数。

(3)测量地面两点间的高差。

二、实验仪器与工具

实验小组由 4～5 人组成，实验设备为每组 DSZ3 型水准仪 1 台，水准尺 2 根。

三、实验步骤

(1)安置仪器

将三角架张开，使其高度在胸口附近，架头大致水平，然后用连接螺旋将仪器连在三脚架上。

(2)认识仪器

了解仪器各部件的名称及其作用并熟悉其使用方法。同时熟悉水准尺的分划注记。

(3)整平

先对向转动两只脚螺旋，使圆水准器气泡向中间移动，再转动另一脚螺旋，使气泡移至居中位置。

(4)瞄准

转动目镜调焦螺旋，使十字丝清晰；转动仪器，用初瞄器和目镜瞄准水准尺，拧紧制动螺旋(手感螺旋有阻力)，如水准尺成像不在十字丝交点处，可以转动微动螺旋，使水准尺成像在十字丝交点处。当成像不太清晰时，转动对光螺旋，消除视差，使目标清晰。

(5)读数

用中丝在水准尺上读取米、分米、厘米，估读毫米，即读出 4 位有效数字。

四、注意事项

(1)仪器高度的变化(升高或降低)幅度应大于 10cm。

(2)两次测定的高差之差应小于 5mm。

(3)各小组成员所测高差的最大值与最小值之差不超过 5mm。

(4)不要在没有消除视差情况下进行读数。

(5)在水准尺上读数时，气泡必须居中。

(6)中心连接螺旋要旋紧，以防水准仪从三脚架架头上摔落。

(7)首次接触仪器，在操作时不要用力过大或强硬拧动螺旋，以免损坏部件。

五、数据分析

将水准仪器读数记录于表 2-7 中。

表 2-7　水准仪器记录

仪器号______班组______观测者______记录者______单位______日期______

测站	点号	水准尺读数		高差=后视-前视			备注
		后视	前视		+	-	
O	*A*		〃	〃	〃	〃	
	B	〃		*AB*			
	C	〃		*AC*			

第八节　普通水准测量

一、实验目的

(1)学会在实地选择测站和转点，掌握普通水准测量的施测方法。

(2)掌握根据实测数据进行水准路线的检核和高程计算的方法。

二、实验仪器与工具

4～5 人组成一个小组，每实验小组的实验器材为：DSZ3-1 水准仪 1 台，水准尺 2 把。

三、实验步骤

(1)在实验场地上，以某一点作为起始水准点，选定一条闭合水准路线，共由 4 点(或 5 点)所组成，另 3 点(或 4 点)为待定点，路线长度以安置 4～6 站为宜。

(2)在起始水准点与第一个立尺点之间安置水准仪(用目估或步测使前后视距大致相等)，在前后视点上竖立水准尺，按一测站上的操作程序测出两点间的高差。

(3)依次设站，用相同方法施测，直至闭合到起始水准点。

(4)施测完毕后，在水准测量记录表上进行计算检核。

(5)各组统一假定起始水准点高程为 20.00m。

四、数据分析

将所得数据记入表 2－8 中。

表 2－8　水准测量记录表

班级________　组号______　组长(签名)________　仪器________　编号________

成像________　测量时间：自____:____　测至____:____　日期：______年____月____日

测站	点号	水准尺读数(mm)		高差(m)	平均高差(m)	高程(m)	备注
		后视	前视				
1	*A*						
	B						
2	*C*						
	D						
3	*E*						
	F						
4	*G*						
	H						
检核计算	$\sum a =$　　$\sum b =$ $\sum a - \sum b =$			$\sum h =$			

五、注意事项

(1)视线长度应小于 100m。

(2)选择测站及转点位置时,应尽量避开车辆和行人的干扰。

(3)前后视距应大致相等,仪器与前后视点并不一定要求三点成一线。

(4)每次读数前,要消除视差,并使水准管气泡严格居中。

第九节　四等水准测量路线

一、实验目的

(1)掌握四等水准测量的观测、记录和计算方法。

(2)掌握四等水准测量的主要技术指标,进行四等水准测量测站及路线检核。

二、实验仪器与工具

4～5 人组成一个小组,每实验小组的实验器材为:DSZ3－1 水准仪 1 台,水准尺 2 把。

三、实验步骤

(1)在实验场地上,以某一点作为起始水准点,选定一条闭合水准路线,共由 4 点(或 5 点)所组成,另 3 点(或 4 点)为待定点。路线长度以安置 4～6 站为宜。

(2)在起始水准点与第一个立尺点之间安置水准仪,用步测使前后视距相等。在前后视点上竖立水准尺。

(3)一个测站的观测按如下顺序进行:

1)后视黑面尺,读取上、下、中丝读数。

2)转动仪器,照准前尺黑面,依次读取上、下、中丝读数栏中。

3)前尺变红面朝向仪器,读取中丝读数。

4)后尺变红面,仪器照准后尺红面,使气泡居中,读取中丝读数。

以上观测顺序简称为:后——前——前——后,或黑——黑——红——红。

四、数据分析

将所得数据填入表 2－9 中,并根据所测数据进行计算。计算如下(①～⑱分别与表 2－9 中对应):

后视距离⑨＝100×(①－②)

前视距离⑩＝100×(④－⑤)

视距差⑪＝⑨－⑩

∑视距差⑫＝上站⑫＋本站⑪

表 2-9　四等水准测量记录手簿

天气________　观测者________　测量日期________　记录者________

测站编号	后尺 下丝 / 上丝	前尺 下丝 / 上丝	方向及尺号	标尺读数		K+黑一红	高差中数
	后距	前距		黑面	红面		
	视距差 d	$\sum d$					
	①	④	后	③	⑧	⑭	⑱
	②	⑤	前	⑥	⑦	⑬	
	⑨	⑩	后一前	⑮	⑯	⑰	
	⑪	⑫					
			后				
			前				
			后一前				
			后				
			前				
			后一前				
			后				
			前				
			后一前				
			后				
			前				
			后一前				
			后				
			前				
			后一前				
			后				
			前				
			后一前				
校核	Σ后视		Σ后			$\sum h$	
	Σ前视		Σ前				
	Σ前+Σ后		Σ后−Σ前				

红黑面差⑬＝⑥＋K－⑦（K＝4 687 或 4 787）

⑭＝③＋K－⑧

黑面高差⑮＝③－⑥

红面高差⑯＝⑧－⑦

高差之差⑰＝⑮－⑯＝⑭－⑬

高差中数⑱＝（⑮＋⑯）/2

五、注意事项

（1）前后视距差≤5m。

（2）前后视距累积差≤10m。

（3）红黑面读数之差≤3.0mm。

（4）红黑面高差之差≤5mm。

（5）路线高差闭合差 $f_{h_0}=\pm 20\sqrt{\{L\}_{km}}$ mm（一般地区）。

（6）选定测站时，用步测法使前后视距大致相等。每站观测完毕，应立即进行计算，只有测站检核符合要求后，仪器才能搬站。若超限，该测站应重测。

第十节 GPS72 简介及使用

一、实验目的

（1）了解 GPS72 接收机构造，认识仪器主要性能及各部件名称和作用。

（2）练习使用 GPS72 接收机。

二、实验原理

GPS 测量技术相对于常规测量技术有如下特点：①观测站之间无需通视；②定位精度高；③观测时间短；④提供三维坐标；⑤操作简便；⑥全天候作业。

GPS 接收机有如下基本指标：

（1）3 000 个可中文命名的航点。

（2）自动记录航迹，并可以另外存储 9 条航迹。

（3）可编辑 50 条航线，每条航线可包含 50 个航点。

（4）内置旅行计算机，提供里程表、停止时间、移动时间、平均速度、最大速度等数据。

三、实验仪器与工具

GPS72 接收机。

四、实验步骤

1. 开机

把接收机拿到室外开阔的地点，尽量将机器竖直放置，同时保证天线部分不受遮挡，并能够看到开阔的可视天空。这是因为 GPS 接收机是需要靠直接接收 GPS 卫星信号来提供导航信息的，所在位置的天空可视情况将决定其进入导航状态的速度。GPS 信号不能穿过岩石、建筑、人群、金属等障碍。因此，为得到最佳结果应尽量在天空开阔处使用。

2. 调节屏幕亮度和对比度

如果周围的光线条件不好，使屏幕显示的内容很难看清楚，可以打开背景光或调节对比度来改变显示效果。

在任意页面中按一下电源键，将出现调节显示的窗口。

3. 保存当前位置

当 GPS72 完成定位后，可以让它记住任何一处的位置坐标。保存在机器中位置点，称之为“航点”。

在任何页面中，只要按住输入键 2s，GPS72 都将立刻捕获当前的位置，并显示“标记航点”的页面。页面左上角的黑色方块是机器为航点所设定的默认图标，此外机器还会从数字 0001 开始为航点分配一个默认的名称。

4. 输入文字

(1)用方向键将光标移动到需要输入文字的输入框中(例如，以数字表示的航点名称)，按下输入键后，屏幕上将显示出一个输入键盘。

(2)键盘默认的输入字符是拼音，可以尝试输入“合”字，按动方向键将光标移动到字符“h”上。

(3)按下输入键确认，键盘下方的黑色拼音显示框中将显示出一个“h”，同时键盘上方的文字显示框中会显示出相应以“h”为声母的文字。

(4)用方向键将光标移动到字符“e”上，再按下输入键确认，键盘中将显示出最常用的 6 个以“he”为拼音的文字。

(5)用方向键将光标移动到“合”字上，再按下输入键确认，这个字就会出现在相应的文字输入框中。

(6)如果键盘中出现的文字里面没有要输入的字，可以用方向键将光标移动到最右边的文字上，然后再向右按动一次方向键，键盘中将显示出其他拼音相同的文字，这样可以多次变换显示出的文字，直到出现所希望的字，也可以将光标移动到最左边的文字上，再向回查找已显示过的文字，键盘右下角的“→”“←”就表示当前可以查找的方向。

(7)如果选择键盘中的“后退”，将会从输入框中删除刚输入的“合”字，如选择“空白”，将会在输入框中输入一个空格；如选择“向左”或“向右”键，将可以调整输入框中的输入文字的位置；如选择“<”将会删除最后输入的拼音字符；如选择“确定”，将结束当前的输入操作。在选择以上几个功能之后，需要按下输入键确认方能生效。

(8)如果希望输入英文字符或者数字，可以按下缩放键“＋”或“－”就可以将拼音键盘换成英文数字键盘，输入方法与上面输入文字是一样的，“back”表示删除，“space”表示输入空格，“ok”表示结束输入的操作。

5. 关于导航的操作

在标志了当前的位置后，可以开始出发了。

在移动时，可以按翻页键让机器显示地图页面，可以看到刚刚保存的航点出现在地图中央。也可以调整地图的比例尺以便让当前的运动轨迹显示出来，比如，要调到 300m，就按动缩放键直到地图左下角显示“300m”即可，地图上的虚线就是走过的轨迹，称之为“航迹”。

经过几分钟的移动后，可以使用机器提供的导航功能，让 GPS72 将引导我们回出发点。

GPS72 有四种导航方式：

(1)航点导航——到达地图上某点的直接路径。

(2)航迹导航——重复已记录或存储在机器中的曾经行进过的路线。

(3)航线导航——编辑一条包括沿路各路标(以航点的形式存储在机器中)的到达目的地的路线。

(4)其他方式——对于无目的行进，只要打开 GPS72 并接收到 GPS 卫星信号，就可以在地图上实时地显示行进路线，同时还有几十种导航数据作为参考。

6. 主要页面介绍

GPS72 有 5 个主页面，分别是 GPS 信息页面、地图页面、罗盘导航页面、公路导航页面和当前航线页面。按翻页键或者退出键就可以正向或者反向循环显示这些页面。

(1)GPS 信息页面——可以显示当前的导航数据，定位状态，GPS 卫星分布图，卫星信号强度，日期和时间，以及坐标等信息(图 2-1)。

(2)地图页面——可以显示导航数据，行走轨迹，保存的航点等信息，还进行测量距离的操作(见图 2-2)。

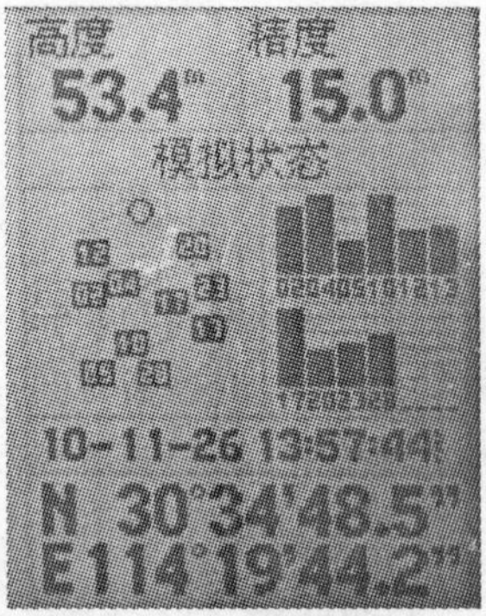

图 2-1　GPS 信息页面

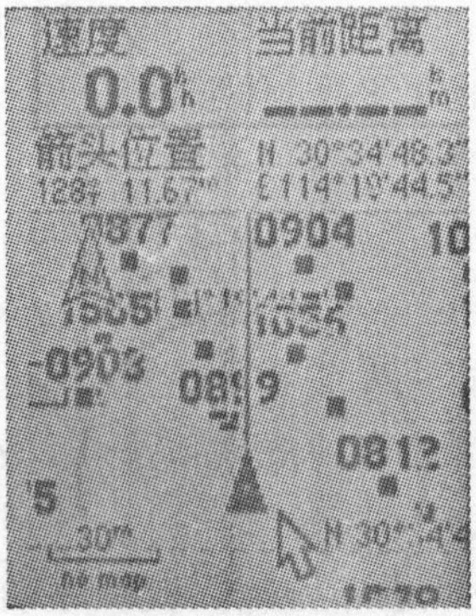

图 2-2　GPS 地图页面

(3)罗盘导航页面——可以显示导航数据，定位状态，以罗盘的形式表示出当前的行进方向和目标方位等信息(见图 2-3)。

(4)公路导航页面——可以显示导航数据，定位状态，以公路的形式表示出当前的行进方向与目标的关系等信息(见图 2-4)。

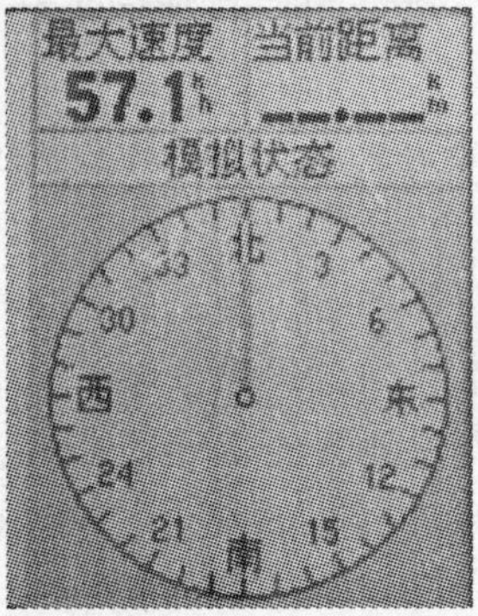

图 2-3　GPS 罗盘导航页面

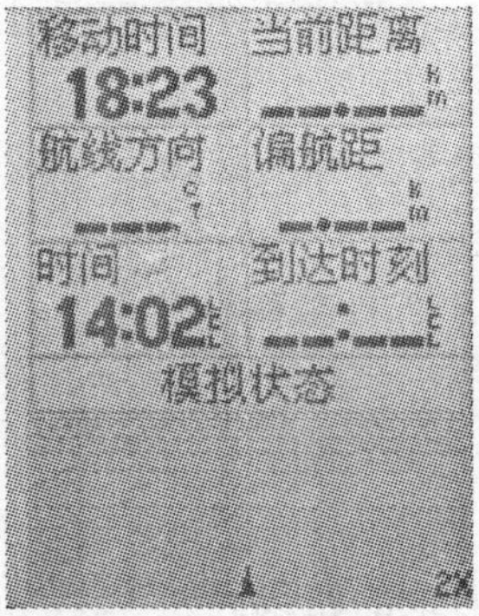

图 2-4　GPS 公路导航页面

(5)当前航线页面——可以显示当前正在使用其导航的航线名称，航线上的各个航点，以及它们之间的距离、时间等信息(见图 2-5)。

(6)除了上述 5 个主页面之外，连续两次按下菜单键将打开主菜单页面，主菜单页面中包括了旅行计算机、航点、航线、航迹等各种信息，以及接收机的各种设置(见图 2-6)。

任何一个页面，都有关于此页面的选项菜单，其中包括了本页面的选项、设置或功能等内容，只要按下菜单键就可以显示当前页面的选项菜单了。某些选项或设置又分为几个子页面，可以左右按动方向键在这些子页面之间进行切换。

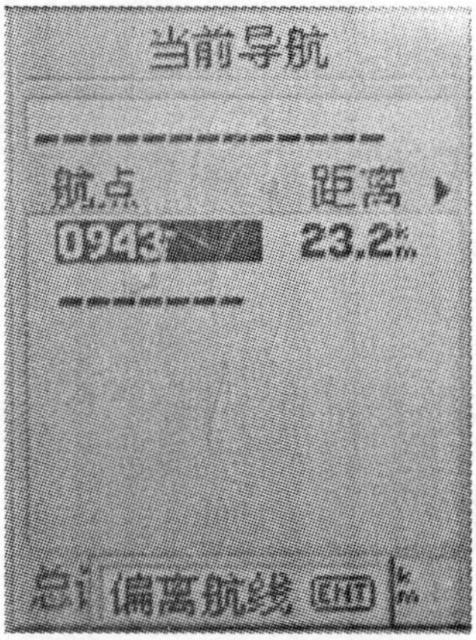

图 2-5 GPS 当前航线页面

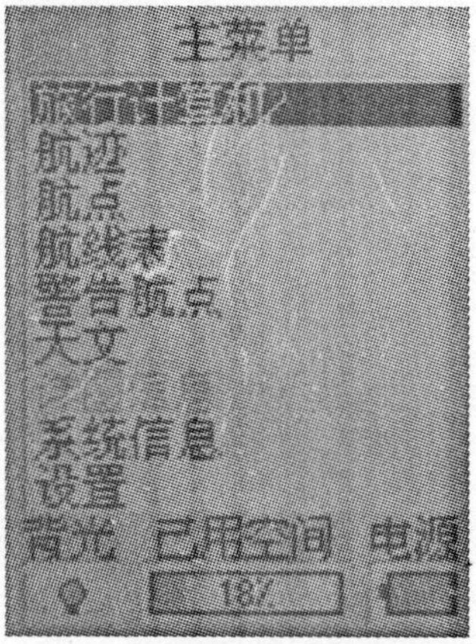

图 2-6 GPS 主菜单

四、思考题

(1)利用 GPS 机确定校园内部某一区域的面积。

(2)选择几个测点构成一条路线,确定其地理坐标和相对距离。

第二篇　水污染控制工程实验

第三章　水污染控制的化学及物理化学方法实验

第一节　混凝实验

一、实验目的

(1)了解混凝的现象及过程,净水作用及影响混凝的主要因素。

(2)学会求水样最佳混凝条件(包括投药量、pH 值、水流速度梯度)的基本方法。

(3)了解助凝剂对混凝效果的影响。

二、实验原理

胶体颗粒带有一定电荷,它们之间的电斥力是影响胶体稳定性的主要因素。胶体表面的电荷值常用电动电位 ξ 表示,又称为 Zeta 电位。Zeta 电位的高低决定了胶体颗粒之间斥力的大小和影响范围。一般天然水中的胶体颗粒的 Zeta 电位约在 -30mV 以上,投加混凝剂之后,只要该电位降到 -15mV 左右即可得到较好的混凝效果。相反,当 Zeta 电位降到零,往往不是最佳混凝状态。

投加混凝剂的多少,直接影响混凝效果。水质是千变万化的,最佳的投药量各不相同,必须通过实验方可确定。

在水中投加混凝剂如 $Al_2(SO_4)_3$、$FeCl_3$ 后,生成的 Al(Ⅲ)、Fe(Ⅲ)化合物对胶体的脱稳效果不仅受投加的剂量、水中胶体颗粒的浓度、水温的影响,还受水的 pH 值影响。如果 pH 值过低(小于 4),则混凝剂水解受到限制,其化合物中很少有高分子物质存在,絮凝作用较差。如果 pH 值过高(大于 9～10),它们就会出现溶解现象,生成带负电荷的络合离子,也不能很好地发挥絮凝作用。

投加了混凝剂的水中，胶体颗粒脱稳后相互聚结，逐渐变成大的絮凝体，这时，水流速度梯度 G 值的大小起着主要的作用。在混凝搅拌实验中，水流速度梯度 G 值可按下式计算：

$$G = \sqrt{P/\mu V} \tag{3-1}$$

式中：P——搅拌功率(J/s)；

μ——水的粘度(Pa·s)；

V——被搅动的水流体积(m^3)。

本实验 G 值可直接由搅拌器显示板读出。

当单独使用混凝剂不能取得预期效果时，需投加助凝剂以提高混凝效果。助凝剂通常是高分子物质，作用机理是高分子物质的吸附架桥，它能改善絮凝体结构，促使细小而松散的絮粒变得粗大而结实。

三、实验设备与试剂

(1)梅宇 SC2000－6 智能型六联搅拌机(附 6 个 1 000mL 烧杯)。

(2)转速表(用于校正搅拌机的转速)。

(3)ORION 828 型 pH 计。

(4)温度计。

(5)HANNA LP2000 浊度仪。

(6)各组自定实验水样。水样参考：自配水(高岭土悬浊液)、生活污水、河水等。

(7)精制硫酸铝 $Al_2(SO_4)_3 \cdot 18H_2O$ 溶液。

(8)氯化铁 $FeCl_3 \cdot 6H_2O$ 溶液。

(9)聚合氯化铝 $[Al_2(OH)_mCl_{6-m}]_n$ 溶液。

(10)聚丙烯酰胺 PAM 溶液(助凝剂)。

(11)浓度为 10%的 HCl 溶液(化学纯)。

(12)浓度为 10%的 NaOH 溶液(化学纯)。

本实验提供较高浓度的混凝剂和助凝剂，各组可根据自己实验要求进行稀释。

四、实验步骤

(1)观察矾花：于烧杯中加入一定体积的原水并用玻璃棒慢速搅拌，向烧杯中缓慢投加混凝剂并仔细观察，直到矾花的出现。

(2)实验水样千差万别，对不同的水样、不同的混凝剂或助凝剂，其最佳混凝条件也各不相同。各组可根据自己的兴趣从以下参考实验方案中进行选择，也可发挥创造力自行确定实验方案。

实验方案参考：

1)选取某种混凝剂，比较其对不同实验水样的混凝效果。

2)选取某种实验水样，比较不同混凝剂的混凝效果。

3)选取某种实验水样，确定某种混凝剂的最佳投加量。

4)选取某种实验水样，确定某种混凝剂的最佳 pH 值。

5)选取某种实验水样和混凝剂投加量，确定助凝剂的最佳投加量。

6)选取某种实验水样和混凝剂投加量，确定混凝最佳速度梯度。

五、数据处理

按表 3-1、表 3-2 所示记录数据。

表 3-1　混凝剂投加量的最佳选择数据记录表

水样编号		1#	2#	3#	4#	5#	6#
混凝剂投加量(mL)		0	2	4	6	8	10
浊度(NTU)	1						
	2						
	3						
平均浊度(NTU)							

表 3-2　pH 值最佳值的选择数据记录表

水样编号		1#	2#	3#	4#	5#	6#
HCl(mL)		5	3	1			
NaOH(mL)					1	3	5
pH 值							
混凝剂投加量(mL)							
浊度(NTU)	1						
	2						
	3						
平均浊度(NTU)							

六、注意事项

(1)混凝一般分慢速搅拌和快速搅拌阶段,其搅拌速度和搅拌时间可根据实验自行确定。

(2)实验过程中需记录水样的名称及浊度、pH 值、温度等参数,同时记录所使用混凝剂或助凝剂的种类和浓度以及混凝时的水流速度梯度等。

(3)水样的浊度应取多次测量的平均值。

(4)在最佳 pH 值实验中,用来测定 pH 值的水样,仍倒入原烧杯中。

(5)用注射管抽吸上清液测定水的浊度时,不要扰动底部沉淀物。同时,各烧杯抽吸的时间间隔应尽量减小。

七、思考题

(1)根据实验结果以及实验中所观察到的现象,简述影响混凝的几个主要因素。

(2)试分析投药量对混凝效果的影响。在最大投药量时,混凝效果不一定好,为什么?

(3)pH 值对混凝效果有什么影响?

第二节 颗粒自由沉淀实验

一、实验目的

(1)观察沉淀过程,加深对自由沉淀特点、基本概念及沉淀规律的理解。

(2)掌握颗粒自由沉淀实验的方法,求出沉淀曲线。

(3)了解和掌握自由沉淀的规律,根据实验结果绘制时间-沉淀率($t-E$),沉速-沉淀率($u-E$)和浓度比-速率[$(c_t/c_0)-u$]的关系曲线。

二、实验原理

浓度较稀的粒状颗粒的沉淀属于自由沉淀,其特点是静沉过程中颗粒互不干扰、等速下沉,其沉速在层流区符合 Stokes 公式。

由于水中颗粒的复杂性,颗粒粒径、颗粒比重很难或无法准确地测定,因而沉淀效果、特性无法通过公式求得,而是要通过静沉实验确定。

由于自由沉淀时颗粒是等速下沉,下沉速度与沉淀高度无关,因而自由沉淀可在一般沉淀柱内进行,但其直径应足够大,一般应使 $D \geqslant 100$mm 以免颗粒沉淀受柱壁干扰。

一般来说，自由沉淀实验可按以下两个方法进行：

1.底部取样法

底部取样法的沉淀效率通过曲线积分求得。设在一水深为 H 的沉淀柱内进行自由沉淀实验，如图 3-1 所示。将取样口设在水深 H 处，实验开始时($t=0$)，整个实验筒内悬浮物颗粒浓度均为 c_0。分别在 t_1、t_2、……、t_n 时刻取样，分别测得浓度为 c_1、c_2、……、c_n。那么，在时间恰好为 t_1、t_2、……、t_n 时，沉速 $u_1=h/t_1$、$u_2=h/t_2$、……、$u_n=h/t_n$ 的颗粒恰好通过取样口向下沉，相应地这些颗粒在高度 H 中已不复存在了。记 $p_i=c_i/c_0$，则 $1-p_i$ 代表时间 t_i 内高度 H 中完全去除的颗粒百分数，$p_j-p_k(k>j\geqslant i)$ 代表沉速位于 u_j 和 u_k 之间的颗粒百分数，在时间 t_i 内，这部分颗粒的去除百分数为 $\frac{u_j+u_k}{2u_i}\times(p_j-p_k)$，当 j、k 无限接近时，$\frac{u_j+u_k}{2u_i}\times(p_j$

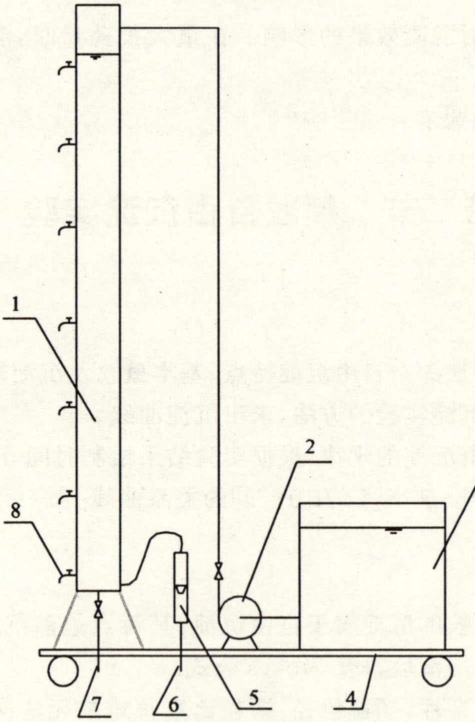

图 3-1　自由沉淀实验装置图

1. 沉淀柱；2. 水泵；3. 水箱；4. 支架；5. 气体流量计；6. 气体入口；7. 排水口；8. 取样口

$-p_k)=\int_{p_j}^{p_i}\frac{u_j}{u_i}\mathrm{d}p_j$。这样，在时间 t_i 内，沉淀柱的总沉淀效率 $P=(1-p_i)+\int_0^{p_i}\frac{u_j}{u_i}\mathrm{d}p_j$。实际操作过程中，可绘出 $p-u$ 曲线并通过积分求出沉淀效率。

2. 中部取样法

与底部取样法不同的是，中部取样法将取样口设在沉淀柱有效沉淀高度(H)的中部。

实验开始时，沉淀时间为 0，此时沉淀柱内悬浮物分布是均匀的，即每个断面上颗粒的数量与粒径的组成相同，悬浮物浓度为 c_0(mg/L)，此时去除率 $E=0$。

实验开始后，悬浮物在筒内的分布变得不均匀。不同沉淀时间 t_i，颗粒下沉到池底的最小沉淀速度 $u_i=\frac{H}{t_i}$。严格来说，此时应将实验筒内有效水深 H 的全部水样取出，测量其悬浮物含量，来计算出 t_i时间内的沉淀效率。但这样工作量太大，而且每个实验筒只能求一个沉淀时间的沉淀效率。为了克服上述弊病，又考虑到实验筒内悬浮物浓度随水深的变化，所以我们提出的实验方法是将取样口装在 $H/2$ 处，近似地认为该处水样的悬浮物浓度代表整个有效水深内悬浮物的平均浓度。我们认为这样做在工程上的误差是允许的，而实验及测定工作也可以大为简化，在一个实验筒内就可以多次取样，完成沉淀曲线的实验。假设此时取样点处水样悬浮物浓度为 c_i，则颗粒总去除率 $E_0=1-P_i=\frac{c_0-c_i}{c_0}=1-\frac{c_i}{c_0}$。而 $P_i=\frac{c_i}{c_0}$则反映了 t_i时未被去除的颗粒(即 $d<d_i$的颗粒)所占的百分比。

三、实验设备与试剂

(1)沉淀实验筒：直径 ϕ140mm，工作有效水深(由溢出口下缘到筒底的距离)为 2 000mm。

(2)过滤装置。

(3)悬浮物定量分析所需设备。以 SS 为评价指标时，定量分析设备包括万分之一电子天平，带盖称量瓶，干燥器，烘箱等；以悬浮物浊度为衡量指标时，定量分析设备为浊度仪。

(4)实验水样：硅藻土自配水。

四、实验步骤

(1)将水样倒入搅拌筒中，用泵循环搅拌约 5min，使水样中悬浮物分布均匀。

(2)用泵将水样输入沉淀实验筒，在输入过程中，从筒中取两次样，每次约 20mL(若以 SS 为评价指标时，取样量应提高到 100mL 并在取样后准确记下水样体积）。此水样的悬浮物浓度即为实验水样的原始浓度 c_0。

(3)当废水升到溢流口，溢流管流出水后，关紧沉淀实验筒底部阀门，停泵，记下沉淀开始时间。

(4)观察静置沉淀现象。

(5)隔 5、10、20、30、45、60、75、90min，从实验筒底部取样口及中部取样口各取样两次，每次约 20mL（若以 SS 为评价指标时，取样量应提高到 100mL 并在取样后准确记下水样体积）。取水样前要先排出取样管中的积水约 10mL 左右，取水样后测量工作水深的变化。

(6)将每一种沉淀时间的两个水样作平行实验，测量其 SS 值或浊度。水样 SS 值的测量步骤如下：用滤纸过滤水样（滤纸应当是已在烘箱内烘干后称量过的），过滤后，再把滤纸放入已准确称量的带盖称量瓶内，在 105～110℃烘箱内烘干后称量滤纸的增重即为水样中悬浮物的重量。

(7)分别计算底部取样法和中部取样法不同沉淀时间 t 的水样中的悬浮物浓度 c，沉淀效率 E，以及相应的颗粒沉速 u，并画出 $E-t$ 和 $E-u$ 的关系曲线。

(8)悬浮物固体量的测定方法：首先调节烘箱至 105℃，叠好滤纸放入称量瓶中，打开盖子，将称量瓶放入烘箱烘至恒重。然后将恒重的滤纸取出放在玻璃漏斗中，过滤水样，并用蒸馏水冲净，使滤纸上得到全部悬浮性固体，最后将带有滤渣的滤纸移入称量瓶，烘干至恒重。

(9)悬浮性固体含量

$$c=\frac{(W_2-W_1)\times 1\,000\times 10}{V} \tag{4-2}$$

式中：W_1——称量瓶＋滤纸质量(g)；

W_2——称量瓶＋滤纸质量＋悬浮性固体的质量(g)；

V——水样体积，100mL。

(10)实验数据记录及结果整理。

五、数据处理

(1)提出实验纪录及沉淀曲线。

(2)分析实验所得结果，并对底部取样法和中部取样法所得结果进行比较。

六、思考题

分析不同工作水深的沉淀曲线，如应用到设计沉淀池，需注意什么问题？

第三节　絮凝沉降实验

一、实验目的

(1)了解絮凝沉淀特点和规律。

(2)掌握絮凝沉淀实验方法和实验数据整理方法。

二、实验原理

水处理中遇到的沉淀多属于絮凝颗粒沉淀,当悬浮物浓度不太高,一般为600～700mg/L以下的絮凝颗粒时,在沉降过程中,颗粒的大小、形状和密度都有所变化,随着沉淀深度和时间的增长,沉速越来越快。絮凝颗粒的沉淀轨迹是一条曲线,难以用数学方式来表达,只能用实验的数据来确定必要的设计参数。如给水工程中混凝沉淀、污水处理中初沉池内的悬浮物沉淀均属于絮凝沉淀。

絮凝沉降实验在沉淀柱内进行。沉淀柱的不同深度设有取样口。在不同的沉淀时间,从不同的取样口取出水样,测定悬浮物的浓度,并计算出悬浮物的去除百分率。然后将这些去除百分率点绘于相应的深度与时间的坐标上,并绘出等效率曲线,最后借助于这些等效率曲线计算对应于某一停留时间的悬浮物去除率。

三、实验设备与试剂

(1)絮凝沉淀设备(图3-2)1套,包括:有机玻璃沉淀柱6根,直径100mm,高度1 700mm,柱体有高度刻度标识;搅拌设备;不锈钢支架;PVC水箱;不锈钢潜水泵;调速电机;不锈钢搅拌器;调速器;铜阀门取样口;金属电控制箱等。

(2)分析天平、烘箱、定时钟、絮凝剂、滤纸、漏斗、漏斗架、量筒或烧杯、称量瓶。

图3-2　絮凝沉淀设备

四、实验步骤

(1)在PVC水箱中放满自来水,计算水箱体积和高岭土投加量,使投加后水箱中高岭土浓度为100mg/L。将计算称量好的高岭土加入到水箱中,搅拌均匀后取样测定原水悬浮物浓度。

(2)开启水泵,依次向1～6号沉淀柱进水,当水位达到溢流孔时,关闭进水闸门,同时记录沉淀时间。6根沉淀柱的沉淀时间分别是10min,20min,40min,

60min，80min，120min。

(3)当达到各柱的沉淀时间时，在每根柱上，自上而下地依次取样，测定水样悬浮物的浓度，记录于表3-3中。

五、数据分析

1.实验记录整理

将实验数据记录于表3-3。

表3-3　絮凝沉淀实验记录表

水样性质及来源__________　水样悬浮物浓度(mg/L)__________

水温(℃)________　沉淀柱直径(mm)________　柱高(mm)________

柱号	沉淀时间(min)	取样点编号	SS(mg/L)	SS平均值(mg/L)	取样点水深(m)
1	10	1-1			
		1-2			
		1-3			
		1-4			
2	20	2-1			
		2-2			
		2-3			
		2-4			
3	40	3-1			
		3-2			
		3-3			
		3-4			
4	60	4-1			
		4-2			
		4-3			
		4-4			
5	80	5-1			
		5-2			
		5-3			
		5-4			
6	120	6-1			
		6-2			
		6-3			
		6-4			

2. 实验数据整理

将表中实验数据进行整理，并计算各取样点的去除率 E。然后将这些去除百分率点绘于相应的深度与时间的坐标轴上，并绘出等效率曲线。

六、注意事项

(1)向沉淀柱进水时，速度要适中，既要防止悬浮物由于进水速度过慢而絮凝沉淀，又要防止由于进水速度过快，沉淀开始后还存在柱内紊流，影响沉淀效果。

(2)每个柱的取样口取样要同时进行，故烧杯编号、人员分工和协作要做好。

(3)测定悬浮物浓度时，一定要注意平行水样的均匀性。

(4)观察和描述颗粒沉降过程中自然絮凝作用及沉速的变化。

七、思考题

(1)有资料介绍可以用仅在沉淀柱中部(二分之一柱高处)取样分析的实验方法近似地求絮凝沉淀去除率，试用实验结果比较两种方法的误差，并讨论其优缺点。

(2)观察絮凝沉淀现象，并叙述与自由沉淀现象有何不同？实验方法有何区别？

(3)实际工程中，哪些沉淀属于絮凝沉淀？

第四节　机械反应板(斜管)沉淀池

一、实验目的

(1)通过模型的模拟实验，进一步了解斜板沉淀池的构造及工作原理。

(2)掌握斜板沉淀池的运行操作方法。

(3)了解斜板沉淀池运行的影响因素。

二、实验原理

给水处理中澄清工艺通常包括混凝、沉淀和过滤，处理对象主要是水中悬浮物和胶体杂质。原水加药后，经混凝使水中悬浮物和胶体形成大颗粒絮凝物，而后通过沉淀池进行重力分离。机械反应斜板(斜管)沉淀池就是具有混凝、沉淀两种功能的净水构筑物。本实验中的模型就是展示机械反应池和斜板(斜管)沉淀池内部结构的演示装置。

斜板沉淀池是由与水平面成一定角度(一般 60°左右)的众多斜板放置于沉淀池中构成的,其中的水流方向从下往上流动或从上往下流动或水平方向流动,颗粒则沉淀于斜板底部,当颗粒累积到一定程度时,便自动滑落。斜板沉淀池在不改变有效容积的情况下,可以增加沉淀池面积,提高颗粒的去除效率,将斜板放置到一定角度有利于排泥,因而斜板沉淀池在生产实践中有较高的应用价值。

按照斜板沉淀池中的水流方向,斜板沉淀池可分为以下四种类型:

(1)异向流斜板沉淀池:水流方向与污泥沉降方向不同,水流向上流动,污泥向下滑,异向流斜板沉淀池是最常用的沉淀池之一。

(2)同向流斜板沉淀池:水流方向与污泥沉降方向相反,与异向流斜板沉淀池相比,同向斜板沉淀池由于水流方向与沉降方向相同,因而有利于污泥的下滑,但其结构较复杂,应用不多。

(3)横向流斜板沉淀池:斜板沉淀池在长度方向上布置其斜板,水流沿池长方向横向流过,沉淀池沿斜板滑落,其沉淀过程与平流式沉淀池类似。

(4)双向流斜板沉淀池:在沉淀池中,由同向流斜板和异向流斜板组合而成的斜板沉淀池。

三、实验设备与试剂

1. 机械反应池

所谓机械反应就是利用电动机减速装置驱动搅拌器对水进行搅拌,将池内分成三格,每格均安装一台搅拌器,为适应絮凝体由大到小形成规律,第一格内搅拌强度最大,而后逐渐减小。

2. 斜板(斜管)沉淀池

斜板(斜管)沉淀池由于改善水力条件,增加沉积面积,因此是一种高效的沉淀方法。常用的斜板(斜管)沉淀池为异向流斜板(斜管)沉淀池,在反应池已成絮体的水流,从池下部配水区进入,从下而上穿过斜管区,沉淀颗粒沉于斜管上,然后沿斜管滑下,由于水流方向和污泥流方向相反,所以称为逆向流。清水经池上部进入集水槽,流向池外。

试验装置的组成和规格:

斜板倾角:60°　　　　机械搅拌转速:55 转/min

处理水量:100～200L/h　　　　水力停留时间:1～2h

本体由机械絮凝池和斜板(斜管)沉淀池两部分组合在一起,如图 3-3 所示。

四、实验步骤

(1)用清水注满沉淀池,检查沉淀池是否漏水,水泵与阀门等是否正常完好。

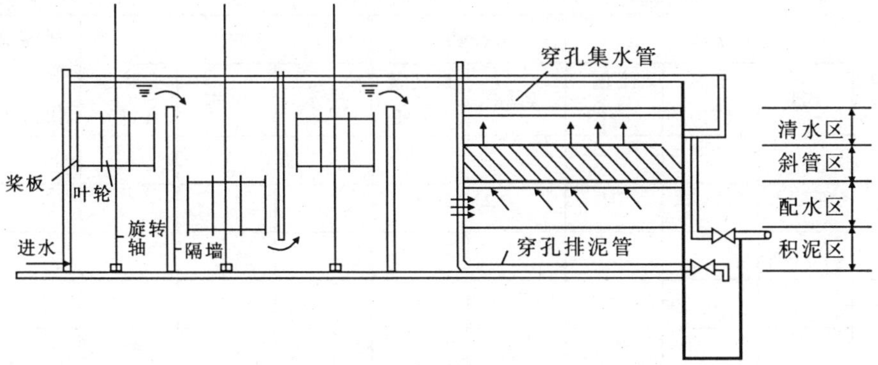

图 3-3 试验装置图

(2)一切正常后,测量原水的pH、温度、浊度,并记录于表 3-4 中。

(3)将混凝剂投入絮凝池中,使水出现矾花。

(4)打开电源,启动水泵电机,将水样打入机械反应斜板(斜管)沉淀池,并调整流量。水量调整要适当,过大会降低沉淀效果。具体选择视具体废水水质而定。

(5)待处理毕,手动停机,取样化验,并开泵抽洗内腔。

(6)测定出水样悬浮物固体量。方法如下:首先调烘箱至 105±1℃,叠好滤纸放入称量瓶中,打开盖子,将称量瓶放入 105℃的烘箱烘至恒重。然后将已恒重的滤纸取出放在玻璃漏斗中,过滤水样,并用蒸馏水冲净,使滤纸上得到全部悬浮物固体,最后将带有滤渣的滤纸移入称量瓶,烘干至恒重。

(7)悬浮物固体计算

悬浮性固体含量 $c=[(w_2-w_1)\times 1\,000\times 10]/V$ (4-3)

式中:w_1——称量瓶+滤纸质量(g);

w_2——称量瓶+滤纸+悬浮性固体的质量(g);

V——水样体积,100mL。

(8)计算不同流速条件下,沉积物的去除率。设进水悬浮物浓度 c_0,出水浓度 c_i,水样的去除率 $E=(c_0-c_i)/c_0\times 100\%$

(9)定期从污泥斗中排泥。

五、数据分析

(1)根据测得的进水浊度计算去除率。

(2)将实验中测得的各个技术指标填入表 3-4 中。

表 3-4　实验原始记录表

序号	原水			投药		浊度			观察悬浮矾花层变化情况
	pH	水温（℃）	流量（L/h）	名称	投药量（Mg/L）	进水	出水	去除率（%）	
1									
2									
3									
4									
5									

六、思考题

(1)机械反应斜板(斜管)沉淀池与其他沉淀池相比较有什么样的优点?

(2)机械反应斜板(斜管)沉淀池运行方式是怎样的?

第五节　竖流式沉淀池

一、实验目的

沉淀池是分离悬浮物颗粒的一种主要处理构筑物,通常按流水方向来区分,有平流式、竖流式和辐流式三种。竖流式沉淀池适合于处理小型给水或污水处理工程。本实验装置是竖流式沉淀池的内部结构的演示。通过实验,希望达到以下目的。

(1)通过对有机玻璃模拟装置的直接观察,加深对竖流式沉淀池各部分的形状、位置的了解。

(2)掌握水的流动方式,熟悉导流筒、挡板、储水槽、污泥区的作用。

二、实验原理

竖流式沉淀池多为圆形,水从设在池中心的导流筒进入,再从下部经过反射板均匀地、慢慢地进入水池内。污水在池的下部向上做竖向流动,而水的悬浮物颗粒在承受竖直向上的水流速度与颗粒本身的重力产生的颗粒的下沉速度这两个速度的差值作用下产生运动。当可沉淀颗粒属于自由沉淀的类型,其沉淀效果比平流式低一些。当应用于絮凝沉淀和区域沉淀时,由于“悬浮差”作用竖流沉淀池更具有独特的作用,其示意图与实物图分别见图 3-4、图 3-5。

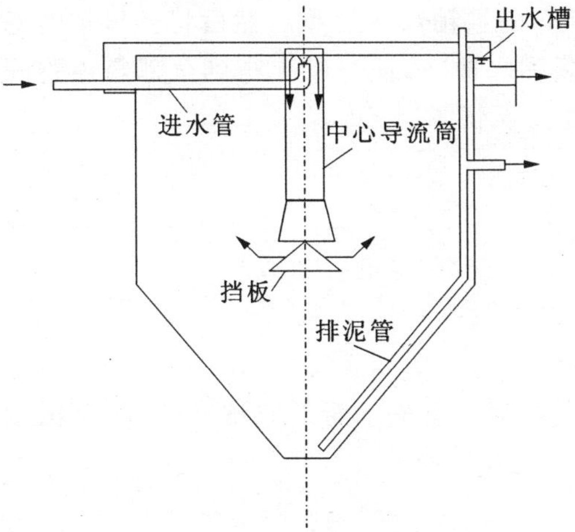

图 3－4　竖流式沉淀池示意图

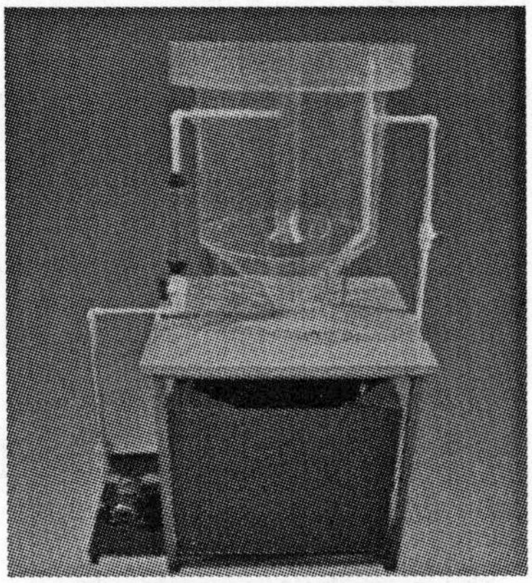

图 3－5　竖流式沉淀池实物图

三、实验设备与试剂

1. 竖流式沉淀装置

组成和规格：包括竖流式沉淀池的全部组成（池体、进水管、中心导流板、挡板、出水槽、排泥管、放空管）。

试验装置的组成与规格：

装置工作电压：AC220V　　　　总功率：100W

池体外形尺寸：直径×高＝400mm×600mm

水力停留时间：1～2.5h　　　　处理水量：10～25L/h

池体材质：有机玻璃质

2. 实验配套设备及仪器

烘箱，天平，漏斗，抽滤设备，滤纸等。

四、实验步骤

(1)用清水注满沉淀池，检查沉淀池是否漏水，水泵与阀门等是否正常完好。

(2)一切正常后，测量原水的 pH、温度、浊度，并记录于表 3－5 中。

(3)将混凝剂投入絮凝池中，使水出现矾花。

(4)打开电源，启动水泵电机，将水样打入竖流式沉淀池，并调整流量。水量调整要适当，过大会降低沉淀效果。具体选择视具体废水水质而定。

(5)待处理毕，手动停机，取样化验，并开泵抽洗内腔。

(6)测定出水样中悬浮物含量。方法如下：首先调烘箱至 105℃，叠好滤纸放入称量瓶中，打开盖子，将称量瓶放入 105℃的烘箱烘至恒重。然后将已恒重的滤纸取出放在玻璃漏斗中，过滤水样，并用蒸馏水冲净，使滤纸上得到全部悬浮物固体，最后将带有滤渣的滤纸移入称量瓶，烘干至恒重。

(7)悬浮物含量计算

$$悬浮物含量\ c=[(w_2-w_1)\times 1\,000\times 10]/V \tag{4-4}$$

式中：w_1——称量瓶＋滤纸质量(g)；

w_2——称量瓶＋滤纸＋悬浮性固体的质量(g)；

V——水样体积(100mL)。

(8)计算不同流速条件下，沉积物的去除率。设进水悬浮物浓度 c_0，出水浓度 c_i，水样的去除率 $E=(c_0-c_i)/c_0\times 100\%$。

(9)定期从污泥斗中排泥。

五、数据分析

(1)根据测得的进水浊度计算去除率。

(2)将实验中测得的各个技术指标填入表 3－5 中。

表 3－5 实验记录表

序号	原水			投药		悬浮性固体含量			观察悬浮矾花层变化情况
	pH	水温(℃)	流量(L/h)	名称	投药量(mg/L)	进水(mg/L)	出水(mg/L)	去除率(%)	
1									
2									
3									
4									
5									

六、思考题

(1)竖流式沉淀池与其他沉淀池相比较有什么样的优点？

(2)竖流式沉淀池运行方式是怎样的？

第六节 辐流式沉淀池

一、实验目的

(1)通过对辐流式沉淀池有机玻璃模拟装置的直接观察，加深对辐流式沉淀池各部分的形状、位置的了解。

(2)掌握水的流动方式,熟悉装置各部件所起的作用。

二、实验原理

辐流式沉淀池适用于生物处理后的工业废水、生活污水及只加药沉淀的污水中的絮体污泥的沉淀。由于污泥的沉降并非自由沉降,利用浅池理论来解释沉淀池中斜管的作用,在理论上和实践上都是不妥当的。事实上斜管在此的作用是改善沉淀池中布水的均匀性。该池一般是圆形的,也有正方形的,废水用泵打入池子,从中心管上的孔口流入,水从下面斜管部均匀地沿辐射方向流向池子四周。澄清后的废水,从设在池壁顶端的堰口溢出,通过出水槽,流出池外。

圆形辐流式沉淀池一般采用机械刮泥,泥从中央排出。

三、实验设备与试剂

(1)幅流式沉淀池装置1套(图3-6),包括由有机玻璃制作的池体、进水管、中心管、出水堰、出水槽、出水管、泥斗、放空管等。处理水量:0.56～1.02m^3/h。

(2)做实验前从污水处理厂二沉池取来20L活性污泥。

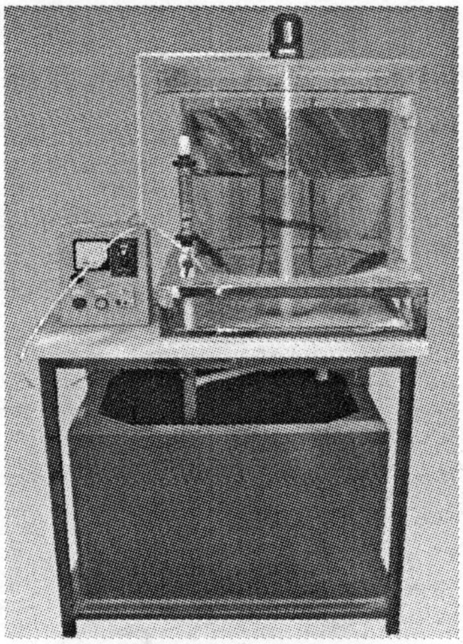

图3-6 幅流式沉淀池装置

四、实验步骤

(1)启动水泵阀门(水量不能开得太大),使水循环流动。

(2)插上底部机械刮泥小电机,其速率为4.5转/min,小电机启动后将泥渣刮入底部排出。

第七节 钟式沉砂池

一、实验目的

(1)通过对钟式沉砂池有机玻璃模拟装置的直接观察,加深对钟式沉砂池各部分的形状、位置的了解。

(2)掌握水的流动方式,了解运转的工作顺序,熟悉装置各部件所起的作用。

二、实验原理

钟式沉砂池是利用机械力控制水流流态与流速，加速砂粒的沉淀并使有机物随水流带走的沉砂装置。沉砂池由流入口、流出口、沉砂区、砂斗及带变速箱的电动机、传动齿轮、压缩空气输送管和砂提升管以及排砂管组成。

污水由流入口切线方向流入沉砂区，在电动机及传动装置带动转盘和斜坡式叶片不同离心力的作用下，把砂粒甩向池壁，掉入砂斗，有机物被送回污水中。调整传动齿轮转速，可达到最佳沉砂效果。用压缩空气经提升管、排砂管清洗沉砂，清洗水回流至沉砂区，排砂达到清洁砂标准。沉砂池除砂效率可达 95%（砂粒粒径≥0.297mm)，有机物分离效率约 70%。

三、实验设备与试剂

(1)钟式沉砂池有机玻璃模拟装置：包括沉砂池，配套水箱，进水泵，空气压缩机，转子流量计，气体流量计等部件。处理水量：10～20L/h。其示意图如图 3-7 所示。

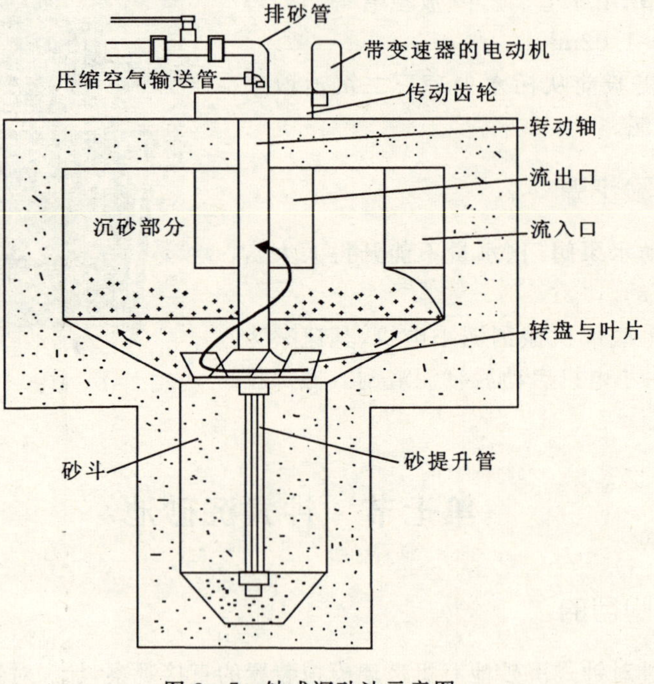

图 3-7　钟式沉砂池示意图

(2)在实验前配置好实验水样。

四、实验步骤

(1)开启进、出水水源。

(2)开启带变速箱的电机,使水中砂粒旋转下沉。

(3)打开空气压缩机,使空气进入池内,使砂排出。

第八节　压力砂滤罐装置

一、实验目的

(1)掌握压力砂滤罐的基本操作过程。

(2)加深理解砂滤的基本原理和净化机理。

二、实验原理

压力砂滤罐内部构造与普通快滤池相似,在压力下工作,允许水头损失可达 3～5m,进水用泵直接抽入,滤水后压力较高,常可直接送到用水装置或水塔中。压力砂滤罐过滤能力强,容积小,设备定型,使用的机动性大。但是,单个滤池的过滤面积较小,只适用于废水量小的场合。

三、实验设备与试剂

(1)压力砂滤罐装置 1 套,包括有机玻璃压力砂滤罐、废水箱、出水箱、反冲洗水泵、过滤进水流量计、进水泵、金属电控制箱各 1 件。环境温度:5～40℃;处理水量:200L/h;装置外形总尺寸:1 500mm×600mm×1 800mm。其装置图如图 3 - 8 所示。

(2)浊度仪、秒表、量筒、絮凝剂等。

四、实验步骤

(1)清除各水箱(塔)及管路内的杂物,必要时可以反冲清洗。

(2)在水箱内放满自来水,接上电源,开启水泵,检查水箱(塔)是否漏水,如果正常,排掉水箱及塔内清水,再进行下一步工作。

(3)配制一定浊度的水样,贮于水箱中备用。

(4)开启进水水泵,调节进水流量,进行整套装置的运转,观察水质净化的全过程现象变化。

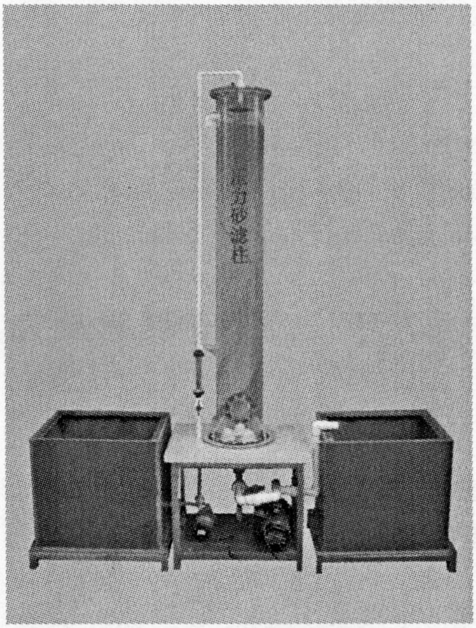

图 3-8　压力砂滤罐装置

(5)连续稳定运行后，在砂滤罐出水口处采水样，测定其浊度。

(6)若发现砂层悬浮性固体增多，可在反冲水箱中注满清水，对装置及砂层进行反冲洗。

(7)实验完毕，停泵，关闭进出水阀门，清洗装置。

五、数据分析

如表 3-6 所示，整理分析数据。

表 3-6　实验记录表

实验日期______年____月____日　　水样______

取样时间(min)	0	3	5	10
水样浊度(NTU)				

第九节　气浮实验

一、实验目的

(1)了解气浮实验系统设备及构成。

(2)了解气浮工艺的工作过程及操作运行方法。

二、实验原理

在水污染控制工程中，固液分离是一种很重要的水质净化单元过程。气浮法是进行固液分离的一种方法，它常用来分离密度小于或接近于“1”、难以用重力自然沉降法去除的悬浮颗粒。例如，从天然水中去除藻类、细小的胶体杂质，从工业污水中分离短纤维、石油微滴等。有时还用以去除溶解性污染物，如表面活性物质、放射性物质等。

进行气浮时，用水泵将污水抽送到压力为 2～4 个大气压的溶气罐中，同时注入加压空气。空气在罐内溶解于加压的污水中，然后使经过溶气的水通过减压阀进入气浮池，此时由于压力突然降低，溶解于污水中的空气便以微气泡的形式从水中释放出来。微气泡在上升的过程中附着于悬浮颗粒上，使颗粒密度减小，上浮到气浮表面与液体分离。

由斯托克斯公式 $v=\frac{g}{18u}(\rho_{水}-\rho_{颗})d^2$ 可以知道，粘附于悬浮颗粒上气泡越多，颗粒与水的密度差($\rho_{水}-\rho_{颗}$)就越大，悬浮颗粒的特征直径也越大，两者都使悬浮颗粒上浮速度增快，提高固液分离的效果。水中悬浮颗粒浓度越高，气浮时需要的微细气泡数量越多，通常以气固比表示单位重量悬浮颗粒需要的空气量。

气固比与操作压力、悬浮固体的浓度、性质有关。对活性污泥进行气浮时，气：固＝0.005～0.06，变化范围较大。气固比可按下式计算：

$$\frac{A}{S}=\frac{1.3S_a(fP-1)Q_r}{QS_t} \tag{4-5}$$

式中：A/S——气固比($g_{释放的空气}/g_{悬浮颗粒}$)；

S_t——入流中的悬浮固体浓度(mg/L)；

Q_r——加压水回流量(L/d)；

Q——污水流量(L/d)；

S_a——某一温度时的空气溶解度(如表 3－7 所示)；

P——绝对压力(Pa)，$P=\frac{p+101.32}{101.32}$，$p$——表压(kPa)，$f$——压力为 p 时

水中的空气溶解系数,通常采用 0.5。

表 3-7　不同温度的空气溶解度

温度(℃)	0	10	20	30
S_a(mL/L)	29.2	22.8	18.7	15.7

出水中的悬浮固体浓度和浮渣中的固体浓度与气固比的关系如图 3-9 所示,由图 3-9 可以看到,在一定范围内,气浮效果是随着气固比的增大而增大的,即气固比越大,出水悬浮固体浓度越低,浮渣的固体浓度越高。

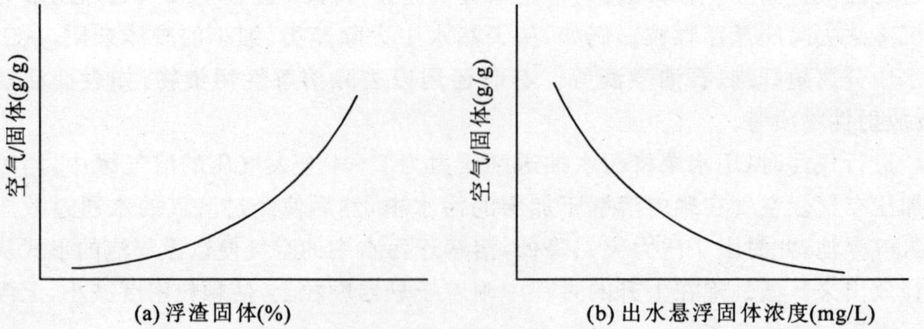

图 3-9　气固比对浮渣固体浓度和出水悬浮固体浓度的影响

三、实验设备与试剂

(1)溶气水系统:包括空压机、溶气罐、水箱、流量计、压力表、减压释放器等。

溶气罐是个内径 300mm、高 2.2m,装有水位计的钢制压力罐。罐顶有调压阀,实验时用调压阀排去未溶空气和控制罐内压力。进气阀用以调节来自空压机的压缩空气量。水位计用以观察压力罐内水位,以便调节调压阀,使溶气罐内液位在实验期间基本保持稳定。

(2)水源系统:包括水泵、配水箱、流量计等。

(3)排水管及排渣槽等。

(4)测定悬浮物或浊度所用仪器设备。

(5)取城市污水处理厂的活性污泥混合液备用。

实验装置如图 3-10 所示。

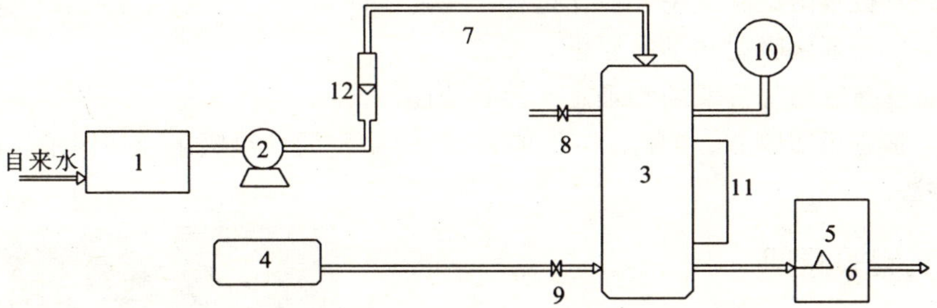

图 3-10　压力溶气气浮实验装置

1. 吸水池；2. 水泵；3. 溶气罐；4. 空气压缩机；5. 气浮池；6. 溶气释放器；7. 进水阀；8. 调压阀；9. 进气阀；10. 压力表；11. 水位计；12. 玻璃转子流量计

四、实验步骤

(1)在有机玻璃空柱内加原纸浆(或浓污水)，用自来水配成所需水样，测定该水样浊度或悬浮物含量。

(2)将溶气水箱充满自来水待用。

(3)开启空压机使空气进入溶气罐，当压力表显示达到 0.10MPa(即 1.0kg/cm^2)时关闭空压机，启动水泵将水压入溶气罐内，当水压达到约 0.26MPa(即 2.6kg/cm^2)时，关闭水泵，打开释放器前阀门放溶气水，观察有机玻璃柱内气浮现象。

(4)待稳定后取出水样测定悬浮物或浊度。

五、数据分析

如表 3-8 所示整理分析数据。

表 3-8　气浮实验记录表

实验日期______年____月____日　　水样原始浊度______

取样时间(min)	1	3	5	10
水样浊度(NTU)				

第十节　活性炭吸附实验

一、实验目的

(1)了解活性炭的吸附工艺及性能。

(2)掌握吸附试验的基本操作过程。

(3)加深理解吸附的基本原理。

(4)掌握吸附等温线的物理意义及其功能。

(5)掌握用实验方法(含间歇法、连续流法)确定活性炭吸附处理污水的设计参数的方法。

二、实验原理

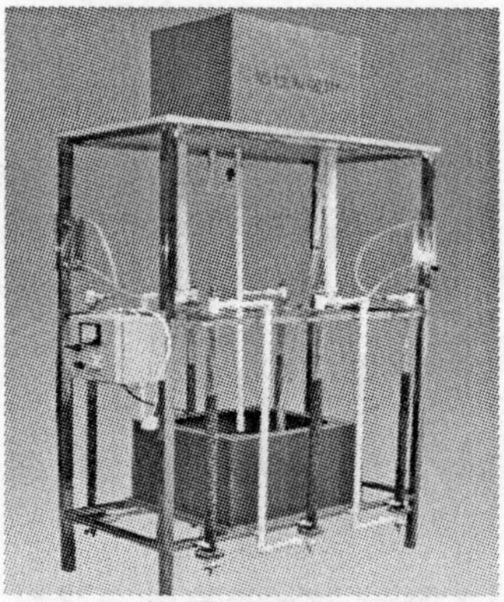

图 3-11　连续式活性炭吸附装置

本实验装置如图 3-11 所示,为 3 个活性炭柱串联的连续式吸附设备。在有机玻璃柱内装填颗粒活性炭。

活性炭具有良好的吸附性能和稳定的化学性质,是目前国内外应用比较多的一种非极性吸附剂。与其他吸附剂相比,活性炭具有微孔发达、比表面积大的特点。通常比表面积可达 500～1 700m^2/g,这是其吸附能力强,吸附容量大的主要原因。吸附是一种物质附着在另一种物质表面的过程。当活性炭吸附水中所含杂质时,水中的溶解性杂质在活性炭表面聚集而被吸附,同时也有一些被吸附物质,由于分子的运动而离开活性炭表面,重新进入水中,即发生解吸现象。当吸附和解吸处于动态平衡状态时,形成吸附平衡,这时活性炭和水之间的溶质浓度分配比例处于稳定状态。

活性炭吸附主要是物理吸附。吸附机理是活性炭表面的分子受到不平衡的力,而使其他分子吸附于其表面上。当活性炭在溶液中的吸附处于动态平衡状态时形成吸附平衡,达到平衡时,单位活性炭所吸附的物质的量为平衡吸附量。在一定的吸附体系中,平衡吸附量是吸附浓度和温度的函数。为了确定活性炭对某中物质的吸附能力,需进行吸附实验。当被吸附物质在溶液中的浓度和在活性炭表面的浓度均不再变化,此时被吸附物质在溶液中的浓度称为平衡浓度。活性炭的吸附能力以吸附量 q 表示,即

$$q=\frac{V(c_0-c)}{m} \tag{4-6}$$

式中:q——活性炭吸附量,即单位质量的吸附剂所吸附的物质量(g/g);

V——污水体积(L);

c_0, c——分别为吸附前原水及吸附平衡时污水的物质的浓度(g/L);

m——活性炭投加量(g)。

在温度一定的条件下,活性炭的吸附量 q 与吸附平衡时的浓度 c 之间关系曲

线称为吸附等温线。在水处理工艺中，通常用的等温线有 Langmuir 和 Freundlich 等。其中 Freundlich 等温线的数学表达式为

$$q=Kc^{\frac{1}{n}} \tag{4-7}$$

式中：K——与吸附剂比表面积、温度和吸附质等有关的系数；

n——与温度、pH 值、吸附剂及被吸附物质的性质有关的常数；

q，c——同前。

K 和 n 可通过间歇式活性炭吸附实验测得。将上式取对数后变换为

$$\lg q=\lg K+\frac{1}{n}\lg c \tag{4-8}$$

将 q 和 c 相应值绘在对数坐标上，所得直线斜率为 $1/n$，截距为 K。

由于间歇式静态吸附法处理能力低，设备多，故在工程中多采用活性炭进行连续吸附操作。连续流活性炭吸附性能可用博哈特(Bohart)和亚当斯(Adams)关系式表达，即

$$\ln\left[\frac{c_0}{c_B}-1\right]=\ln\left[\exp\left(\frac{KN_0H}{v}\right)-1\right]-Kc_0t \tag{4-9}$$

因 $\exp\left(\frac{KN_0H}{v}\right)\gg1$，所以上式等号右边括号内的 1 可忽略不计，则工作时间 t 为

$$t=\frac{N_0}{c_0v}\left[H-\frac{v}{KN_0}\ln\left(\frac{c_0}{c_B}-1\right)\right] \tag{4-10}$$

式中：t——工作时间(h)；

v——流速，即空塔速度(m/h)；

H——活性炭层高度(m)；

K——速度常数[m^3/(mg/h)]或[L/(mg/h)]；

N_0——吸附容量，即达到饱和时被吸附物质的吸附量(mg/L)；

c_0——入流溶质浓度(mol/m^3)或(mg/L)；

c_B——允许流出溶质浓度(mol/m^3)或(mg/L)。

工作时间为零的时候，能保持出流溶质浓度不超过 c_B 的炭层理论高度称为活性炭层的临界高度 H_0。其值可根据上述方程当 $t=0$ 时进行计算，即

$$H_0=\frac{v}{KN_0}\ln\left(\frac{c_0}{c_B}-1\right) \tag{4-11}$$

在实验时，如果取工作时间为 t，原水样溶质浓度为 c_{01}，用三个活性炭柱串联(见图 3-12)，第一个柱子出水为 c_{B1}，即为第二个活性炭柱的进水 c_{02}。第二个活性炭柱的出水为 c_{B2}，就是第三个活性炭柱的进水 c_{03}，由各柱不同的进水浓度可求出流速常数 K 值及吸附容量 N。

三、实验设备与试剂

1. 间歇式活性炭吸附装置

间歇式吸附用三角烧杯，在烧杯内放入活性炭和水进行震荡。

2. 连续式活性炭吸附装置

连续式吸附采用有机玻璃柱 D80mm×1 500mm，柱内 1 000～1 200mm 高烘干的活性炭。各柱设有取样口，其装置图和工作图分别如图 3－11、图 3－12 所示。

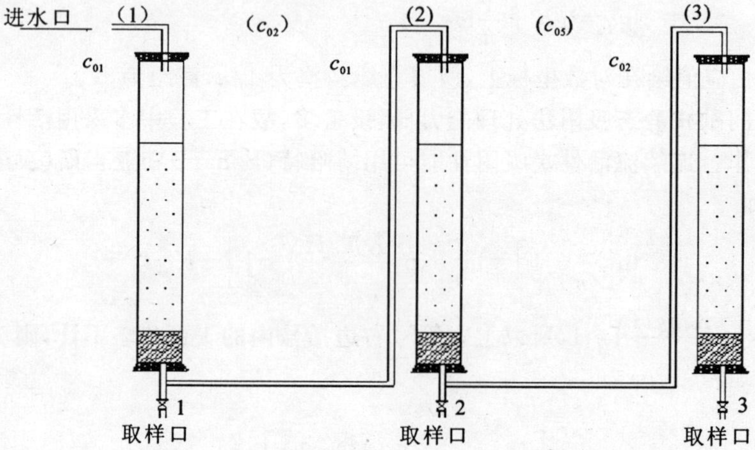

图 3－12　活性炭柱串联工作图

3. 间歇与连续实验所需的实验材料

(1)振荡器 1 台。

(2)有机玻璃柱(3 根，规格 D25mm×1 000mm)。

(3)活性炭。

(4)三角烧瓶(2 个，500mL)。

(5)COD 测定装置。

(6)配水及投配系统。

(7)酸度计，温度计，漏斗 6 个，定量试纸。

四、实验步骤

1. 间歇式吸附实验

(1)将某污水用滤布过滤，去除水中悬浮物或自配污水，测定该污水的 COD、SS 等值。

(2)将活性炭放在蒸馏水中浸泡 24h，然后在 105℃烘箱内烘 24h，再将烘干的活性炭研碎成能够通过 270 目的筛子(0.053mm 孔眼)的粉末活性炭。因为粒状活性碳要达到吸附平衡耗时太长，往往需数日或者数周，为了使实验能在短时间内结束，所以多用粉状碳。

(3)测定污水或者预先配置的废水水温、pH 值和 COD。

(4)在 6 个三角烧瓶中分别加入 0mg，100mg，200mg，300mg，400mg，500mg 粉末状活性炭。

(5)在每个烧瓶中分别加入同体积的废水进行搅拌。一般规定，烧瓶中废水 COD(mg/L)与活性炭浓度(mg/L)比值为 0.5～5.0。

(6)将上述 6 个三角烧瓶放在振荡器上震荡，当达到吸附平衡时即可停止震荡(震荡时间一般为 30min 以上)。

(7)过滤各三角烧瓶中废水，并测定 COD 值。

(8)将上述原始资料和测定结果记录在表 3-9 中。

表 3-9　间歇式吸附实验记录表

编号	原水性状				出水性状		活性炭投加量(m/g)	吸附量
	水样体积(mL)	COD 浓度 c_0(mg/L)	水温(℃)	pH 值	出水 COD 浓度 c_0(mg/L)	pH 值		$\frac{c_0-c}{m}$
1								
2								
3								
4								
5								
6								

2. 连续式吸附实验

(1)配置水样或取自实际废水，使原水样中含 COD 约 100mg/L，测得具体 COD、pH 值、水温等数值。

(2)打开进水阀门，使原水进入活性炭柱，并控制为 3 个不同流量(滤速分别为 5m/h，10m/h，15m/h)。

(3)运行稳定 5min 后测定各活性炭柱出水 COD 值。

(4)连续运行 2～3h，每隔 30min 取样测定各活性炭柱出水 COD 值。

(5)将原始资料和测定结果记录在表 3-10 中。

五、数据分析

1. 间歇式吸附实验

(1)根据表 3 - 9 记录的数据以 $\lg \frac{c_0 - c}{m}$ 为纵坐标，$\lg c_B$ 为横坐标，得出 Freundlich 吸附等温线图，该线的截距为 $\lg K$，斜率为 $1/n$。或利用 q，c 相应数据和式(4 - 7)经回归分析，求出 K，n 的值。

(2)求出 K，n 值代入 Freundlich 吸附等温线，则

$$q = \frac{c_0 - c}{m} = Kc^{\frac{1}{n}} \tag{4-12}$$

2. 连续吸附实验

(1)实验测定的结果按表 3 - 10 填写。

表 3 - 10　连续流吸附实验记录表

工作时间 t(min)	柱 1			柱 2			柱 3			出水 c_B (mg/L)
	c_{01} (mg/L)	H_1(m)	v_1 (mg/h)	c_{01} (mg/L)	H_2(m)	v_2 (mg/h)	c_{01} (mg/L)	H_3(m)	v_3 (mg/h)	

原水 COD 浓度 c_0 = ______ mg/L，水温______℃，pH 值______，活性炭吸附容量 N_0 = ______ g/g，活性炭______ g。

(2)由表 3 - 10 中所得 $t \sim H$ 直线关系的截距，即为式(4 - 10)中的 $\frac{1}{Kc_0}\ln\left(\frac{c_0}{c_B} - 1\right)$，应用 $\frac{1}{Kc_0}\ln\left(\frac{c_0}{c_B} - 1\right)$ 关系式求出 K 值，然后推算出 c_B = 10mg/L 时活性炭柱的工作时间。

(3)根据间歇吸附实验所求得的 q 即为 N_0 值，把上表的 c_0，v 代入下式中求得吸附容量下吸附时间与吸附层高度的关系为：

$$t=\frac{N_0}{c_0 v}H-\frac{1}{Kc_0}\ln\left(\frac{c_0}{c_B}-1\right) \qquad (4-13)$$

第十一节 臭氧氧化与杀菌实验

一、实验目的

(1)了解臭氧制备装置，熟悉臭氧及紫外消毒的工艺流程。

(2)掌握臭氧和紫外消毒的实验方法。

(3)验证臭氧和紫外杀菌效果。

二、实验原理

臭氧呈淡蓝色，由3个氧原子(O)组成，是一种强氧化剂，它的氧化能力在天然元素中仅次于氟，具有强烈的杀菌能力和消毒效果，作为给水消毒剂的应用已有数十年的历史。臭氧杀菌效力高是由于其氧化能力强；穿透细胞壁的能力强；使碳氮键断裂造成解聚作用。臭氧处理饮用水作用快、安全可靠。臭氧的性质决定其只能在现场制取，不能贮存。臭氧消毒所用的臭氧剂量与水污染的程度有关，通常在0.5～4mg/L之间。臭氧消毒不受水中氨氮和pH值的影响，消毒后的水不会产生二次污染。

紫外线杀菌原理为：光化学破坏生物细胞内的RNA和DNA；在波长240～280nm范围内生物体内核酸对光能具有强吸收作用；破坏用于细胞繁殖的DNA和RNA携带的基因信息从而有效杀灭活细胞。

本实验所使用的是上海江科教学器材公司生产的S-05型不锈钢氧化与杀菌实验设备，就是利用臭氧和紫外光产生的强氧化和杀菌作用来氧化分解废水中的有机物和无机物，并杀灭细菌。本装置可以对污水进行：光催化氧化；紫外杀菌；臭氧脱色；臭氧杀菌；除臭；除铁；除氰化物；去除有机物等实验。

三、实验设备与试剂

不锈钢氧化与杀菌实验设备，型号：S-05，上海江科教学器材公司生产。设备主体由不锈钢制成。配套实验装置包括：不锈钢紫外杀菌系统(波长3 000A)1套、臭氧发生器1台、进水泵1台、进水流量计1个、其他流量计1个、加药泵1台、加药流量计1个、配水箱1个、储液槽1个、可编程序控制系统1套、电路控制箱1台、实验台架1个、管道阀门等若干。臭氧发生量：≥3g/h；杀菌效率：>99%；处理能力：500L/h；设备总体尺寸(长×宽×高)：1 300mm×550mm×1 230mm。

四、实验步骤

(1)实验前需配好一定量的实验用水。

(2)打开进水泵，调节进水流量计，如进行杀菌实验则进水流量调节至 300～500L/h。

(3)打开臭氧发生器，调节臭氧流量约 0.8m^3/h 左右，至少调节三次，以便画流量与细菌去除率的曲线。读各转子流量计的读数。保持一定的停留时间后，测定进水和出水的细菌个数。

(4)打开紫外灯，打开臭氧发生器，调节臭氧流量三次，大小同步骤(3)，保持同步骤(3)相同的停留时间，测定进出水的细菌个数。

(5)打开紫外灯，关闭臭氧发生器，保持同步骤(3)、(4)一样的停留时间，测定进出水的细菌个数。

(6)进出水细菌个数的测定方法：备检水样置于培养皿内培养基上，在 37℃ 恒温箱内培养 24h，测细菌总数。

(7)以上各项读数及测得数值均记入表 3－11 中，并进行数据整理与分析。

(8)实验完毕后，关闭所有电源，并将污水排空。

(9)注意事项：程序控制器如长时间不用，则内部会无电，不能正常工作。此时，需按一下复位按钮，并将电源插上后，方能正常使用。

表 3－11　臭氧及紫外消毒实验记录表

水样编号	紫外灯开关	停留时间(min)	进水流量(L/h)	进气流量(L/h)	进气压力(MPa)	标准状态进气流量(L/h)	进水细菌总数(个/mL)	出水细菌总数(个/mL)	细菌去除率(%)	备注
1	关									臭氧杀菌
2	关									臭氧杀菌
3	关									臭氧杀菌
4	开									臭氧加紫外协同杀菌
5	开									臭氧加紫外协同杀菌
6	开									臭氧加紫外协同杀菌
7	开			—	—	—				紫外杀菌
8	开			—	—	—				紫外杀菌
9	开			—	—	—				紫外杀菌

五、数据分析

(1)按下式计算标准状态下的进气量。

$$Q_N = Q_m \sqrt{1+P_m} \tag{4-14}$$

式中:Q_N——标准状态下的进气量(L/h);

Q_m——压力状态下的进气流量,即为进气流量即流量计所示流量(L/h);

P_m——压力表读数(MPa)。

(2)细菌去除率按照下式计算。

$$细菌去除率(\%)=\frac{进水细菌总数-出水细菌总数}{进水细菌总数}\times 100\%$$

六、思考题

(1)在本实验中,如果用正交法求水质消毒的最佳条件,应选用哪些因素和水平?

(2)臭氧消毒后管网内有没有剩余的臭氧?有没有可能出现二次污染?

第十二节　酸性污水升流式过滤中和及吹脱实验

一、实验目的

(1)观察升流式石灰石膨胀滤塔处理过程的现象并测定在不同滤速下的效果。

(2)测定鼓风曝气吹脱 CO_2 的效果。

二、实验原理

在化工、钢铁、人造纤维等工业生产中都会排出酸性生产污水。酸性污水的处理方法有:用碱性污水中和、投药中和和过滤中和。采用普通过滤中和塔时,一般用石灰石滤料,反应如下:

$$H_2SO_4 + CaCO_3 = CaSO_4 + H_2O + CO_2$$

由于生成的硫酸钙溶解度很低,常在滤料表面形成浮层,阻碍中和反应继续进行,使处理效果下降甚至堵塞滤料。升流式膨胀过滤中和池的特点是滤速大、滤料绸、滤物间互相碰撞和摩擦以及高速水流能将 $CaSO_4$ 带出等。因此它具有体积小、效果好而且运行稳定等优点。

中和后的污水往往含有大量的 CO_2,污水 pH 值为 5.0 左右,可采用曝气法将 CO_2 吹脱,使出水的 pH 值提高到 6.0 左右。

三、实验设备与试剂

(1)实验水样,取酸性原水样或者用工业硫酸自行配制好酸性污水。

(2)取样烧杯,pH计。

(3)实验装置:酸性污水升流式过滤中和及吹脱实验装置1套。处理水量:0.235～0.314m^3/h。设备组成包括有机玻璃塔2只、PVC耐酸配水箱、磁力泵、转子流量计、空气流量计、空气压缩机、石灰石滤料(0.5～3.0mm,0.016m^3)等。

四、实验步骤

(1)向调节水箱内注入自来水,接上电源,开启水泵,检查池内管道接头是否漏水,如果正常,排掉塔内、池内清水,再进行下一步工作。

(2)用工业硫酸配制酸性污水。根据计算水量放满耐酸水箱,倒入定量的硫酸。也可以直接取用酸性污水。开动耐酸泵使污水在水箱中循环搅拌,目的是使加入的酸与污水混合均匀。

(3)开启水泵,将酸性污水用泵抽升到流量计计量,进行整套装置的运转。

(4)第一只中和塔内实验前先装入石灰石滤料(粒径0.5～3.0mm),滤料高度1～1.2m。打开第一只中和塔进水阀门,调节流量(即流速)待流动稳定约10min。

(5)中和好的酸性废水进入第二只中和塔,如果达不到中和目的,第二只塔内也可以装入石灰石滤料,进一步中和。

(6)第二只中和塔底部接上压缩空气,进行CO_2气体吹脱。用旁路阀门通过改变放水水量的方法,调节通往吹脱塔的流量。用阀门调节风量,进行吹脱。

(7)取进水水样和中和后出水水样,待中和塔取样5min后,再取吹脱水样。取样应装满取样瓶并用磨口塞塞紧,以免气体逸出或外界空气溶入。

(8)检测进水、出水以及吹脱后水样的酸度和游离CO_2的含量。

(9)可以改变滤速重复本实验的步骤(4)～(8)。

五、数据分析

(1)整理实验结果并绘出pH值(纵坐标)与不同滤速(横坐标)的关系曲线。

(2)计算鼓风曝气吹脱法去除CO_2的效率。

第四章 水污染控制的生物化学方法实验

第一节 工业污水可生化性实验

一、实验目的

某些工业污水在进行生物处理时，由于含有生物难降解的有机物、抑制或毒害微生物生长的物质或者缺少微生物所需要的营养物质和环境条件，使得生物处理不能正常进行，因此需要通过实验来考察这些污水生物处理的可能性，研究某些组分可能产生的影响，确定进入生物处理设施的允许浓度。

通过本实验希望达到以下目的：

(1)了解工业污水可生化性的含义。

(2)掌握测定工业污水可生化性的实验方法。

二、实验原理

试验装置的主要组成部分是生化反应器和曝气设备，其实验装置示意图与实物图分别如图 4－1、图 4－2 所示。

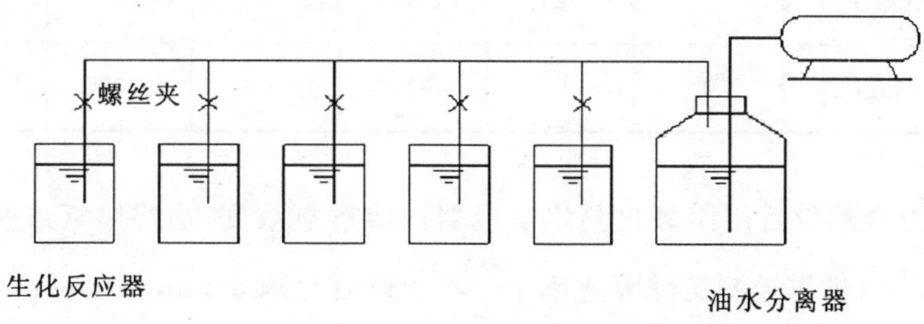

图 4－1 工业污水可生化性实验装置示意图

如果污水中的组分对微生物生长无毒害抑制作用，微生物与污水混合后，立即大量摄取有机物合成新细胞，同时消耗水中的溶解氧。如果污水中的一种或几种组分对微生物的生长有毒害抑制作用，微生物与污水混合后，其降解利用有机物的速率便会减慢或停止。可以通过实验测定活性污泥的呼吸速率，用氧吸收量累积值与时间的关系曲线，呼吸速率与时间的关系曲线来判断某种污水生物处理的可能性，某种有毒有害物质进入生物处理设备的最大允许浓度。

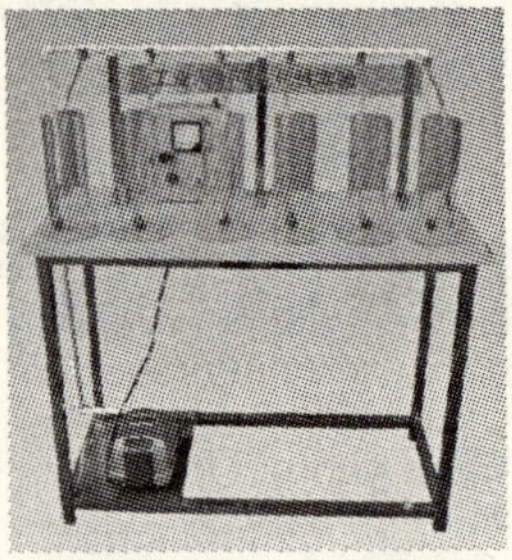

图 4-2　实验装置实物图

三、实验设备与试剂

(1)工业污水可生化性实验装置(图 4-2)。

(2)秒表，温度计，坐标纸，间甲酚等。

四、实验步骤

(1)从城市污水厂曝气池出口取回活性污泥混合液，搅拌均匀后，在 6 个反应器内分别加约 1.3L 混合液，再加自来水约 3L，使每个反应器内浓度为 1～2g/ L。

(2)开动充氧泵，曝气 1～2h，使微生物处于内源呼吸状态。

(3)除欲测内源呼吸速率的 1 号反应器以外，其他 5 个反应器都停止曝气。

(4)静置沉淀，待反应器内污泥沉淀后，用虹吸去除上层清液。

(5)在 2～6 号反应器内均加入从污水厂初次沉淀池出口处取回的城市污水至虹吸前水位，测定反应器内水容积。

(6)继续曝气，并按表 4-1 计算和投加间甲酚。

表 4-1　各生化反应器内间甲酚浓度

生化反应器序号	1	2	3	4	5	6
间甲酚 (mg/L)	0	0	100	300	600	1 000

(7)混合均匀后用溶氧仪测定反应器内溶解氧浓度，当溶解氧浓度大于 6～7mg/L 时，立即取样测定呼吸速率 $\left(\frac{\mathrm{dO}}{\mathrm{d}t}\right)$。以后每隔 30min 测定一次呼吸速率，3h 后改为每隔 1h 测定一次，5～6h 后结束实验。

(8)呼吸速率测定方法：用 250mL 的广口瓶取反应器内混合液 1 瓶，迅速用装有溶解氧探头的橡皮塞塞进瓶口(不能有气泡和漏气)，将瓶子放在电磁搅拌器上，启动搅拌器，定期测定溶解氧浓度 ρ(0.5～1min)，并做记录，测定 10min。然后以 ρ 对 t 作图，所得直线的斜率即微生物的呼吸速率。

五、数据分析

(1)记录实验操作条件。

实验日期______年______月______日　　反应器序号________________

间甲酚投加量____________ g 或 mL　　污泥浓度____________ g/L

(2)测定 dO/dt 的实验记录,可参考表 4-2。

表 4-2　溶解氧测定值

时间 t/min	1	2	3	4	5	6	7	8	9
溶解氧测定仪读数(mg/L)									

(3)以溶解氧测定值为纵坐标、时间 t 为横坐标作图,所得直线斜率即 dO/dt(测定 5h 可得到 9 个 dO/dt 值)。

(4)以呼吸速率 dO/dt 为纵坐标,时间 t 为横坐标作图,得 dO/dt 与 t 的关系曲线。

(5)用 dO/dt 与 t 的关系曲线,参考表 4-3 计算氧吸收量累计值 O_u。表中 (dO/dt)×t 和 O_v 可参照下列公式计算:

$$\left(\frac{\mathrm{dO}}{\mathrm{d}t}\times t\right)_n=\frac{1}{2}\left[\left(\frac{\mathrm{dO}}{\mathrm{d}t}\right)_n+\left(\frac{\mathrm{dO}}{\mathrm{d}t}\right)_{n-1}\right]\times(t_n-t_{n-1})$$

$$(O_u)_n=(O_u)_{n-1}+\left(\frac{\mathrm{dO}}{\mathrm{d}t}\times t\right)_n$$

计算时,n=2,3,4,…

表 4-3　氧吸收量累计值计算

序号	1	2	3	4	…	$n-1$	n
时间 t/h	0	0.5	1.0	1.5			
$\frac{\mathrm{dO}}{\mathrm{d}t}$(mg/min)							
$\frac{\mathrm{dO}}{\mathrm{d}t}\times t$(mg)	——						
O_u(mg)	——						

(6)以氧吸收量累计值 O_u 为纵坐标、时间 t 为横坐标作图，得到间甲酚对微生物氧吸收过程的影响曲线。

六、注意事项

(1)本实验所列实验设备是一组学生所需设备。每组学生(2 人)仅完成一种浓度实验，即表 4-1 所列内容，应由 6 组学生完成。

(2)应假定各生化反应器的活性污泥混合液量相等(即 MLSS 相同)，这样才能使各反应器内的活性污泥的呼吸速率相同，使各反应器的实验结果有可比性。

(3)取样测定呼吸速率时，应充分搅拌使反应器内活性污泥浓度保持均匀，以避免由于采样带来的误差。

(4)反应器内的溶解氧浓度建议维持在 4～7mg /L，以保证测定呼吸速率时有足够的溶解氧；第 1、第 6 组的反应器内的溶解氧可维持在 4mg /L，因反应器内微生物的呼吸速率较小。

第二节　活性污泥形态及生物相的观察

一、实验目的

(1)通过显微镜直接观察活性污泥胶团和原生动物，掌握用形态学的方法来判别菌胶团的形态、结构，并据此判别污泥的性状。

(2)掌握识别原生动物的种属以及用原生动物来间接评定活性污泥质量和污泥水处理效果的方法。

二、实验原理

在活性污泥中起主要作用的是由各种微生物组成的混合体，菌胶团细菌是菌胶团主体，活性污泥的净化能力和菌胶团的组成和结构密切相关，而水温、pH 值、溶解氧浓度和营养物等环境因素也对微生物的新陈代谢有重要的影响。

活性污泥菌胶团的微生物中除细菌外，还有真菌、原生动物和后生动物等多种微生物群体。当运行条件和环境因素发生变化时，原生动物种类和形态随之会发生变化。原生动物在活性污泥反应过程中数量和种类的增长与递变的模式见图 4-3。

(1)活性污泥系统启动初期，游离细菌居多，有原生动物肉足虫(如变形虫)，游泳型纤毛虫(如豆形虫、草履虫)。

(2)菌胶团培育成熟，细菌多“聚居”在活性污泥上，处理水质良好；原生动物以

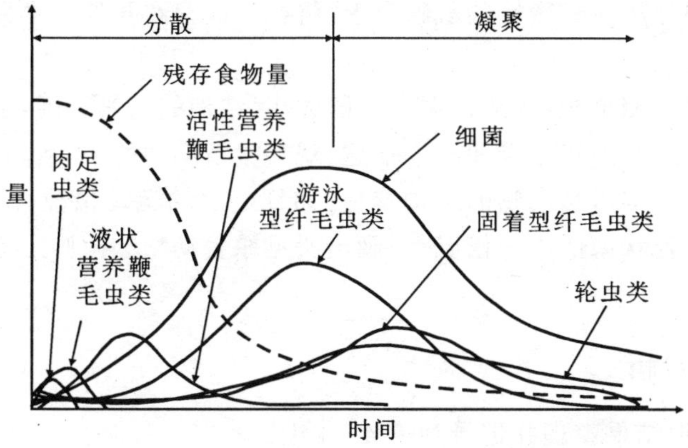

图 4－3　原生动物增长与递变模式

带柄固着型的纤毛虫(如钟虫、等枝虫等)为主。

(3)原生动物能不断摄食水中的游离细菌，起到进一步净化水质的作用。

(4)后生动物(主要指轮虫)在活性污泥中不经常出现，仅在处理水质优异的完全氧化型活性污泥系统(如延时曝气)中出现，因此，轮虫出现是水质非常稳定的标志。

因此，用显微镜观察菌胶团是监测处理系统运行的一项重要手段。本实验就是通过测得曝气池中的溶解氧浓度、pH 值、温度，以及通过观察菌胶团的特征考察不同条件下活性污泥形态及生物相的变化。

三、实验设备与试剂

(1)普通光学显微镜，载玻片，盖玻片。

(2)温度自动控制仪。

(3)溶解氧测定仪，pH 计。

(4)小烧杯，胶头滴管，镊子。

四、实验步骤

(1)确定活性污泥处理系统的运行状况，测定并记录活性污泥系统的相关参数，如溶解氧、温度、pH 值。

(2)调试显微镜。

(3)从曝气池中取少量混合液，沉淀后取一滴污泥加到干净的载玻片的中央，盖上盖玻片，加盖玻片时应该使其中央接触到水滴后放下，以避免在内形成气泡，影响观察。

(4)把载玻片放在显微镜的载物台上，将标本放到圆孔的正中央，转动调节器，对准焦距，进行观察。

(5)观察生物相全貌，注意污泥颗粒的大小，结构的松紧程度，菌粒团和丝状菌比例及生长情况，并加以记录和必要描述，观察微型动物种类，活动情况。

(6)进一步观察微型动物的结构特征，如纤毛虫的运动情况，菌胶团细菌的胶原薄厚及色泽，丝状菌的生长情况等，画出所见原生动物和菌胶团等微生物形态草图。

五、数据分析

将所得数据结果整理并记录到表 4-4 中。

表 4-4 活性污泥及生物相观察的结果记录表

测定指标 \ 观察次数	1	2	3
活性污泥处理系统运行时间			
溶解氧含量(mg/L)			
pH 值			
温度(℃)			
菌胶团特征图及描述			

六、思考题

(1)观察曝气池中环境因素和生物相有何意义？

(2)丝状菌的大量繁殖对活性污泥处理系统有何危害？

(3)分析环境因素对污泥形态及生物相的影响。

第三节 污泥沉降比(*SV*)和污泥体积指数(*SVI*)的测定

一、实验目的

(1)掌握活性污泥沉降比和污泥体积指数的测定和计算方法。

(2)明确污泥沉降比、污泥体积指数和污泥浓度三者之间的关系，以及它们对活性污泥法处理系统的设计和运行控制的重要意义。

(3)加深对活性污泥的絮凝及沉淀特点和规律的认识。

二、实验原理

污泥沉降比为曝气池出口混合液在100mL的量筒中静置沉淀30min后,沉淀后的污泥体积和混合液体积之比值。

污泥体积指数(SVI),即曝气池经30min静淀后,1g干污泥所占的容积(以mL计),即:

$$SVI=\frac{\text{混合液静置 30min 后污泥体积}}{\text{污泥干重}}$$

SVI越低,沉降性能越好,对城市污水,一般认为:

$SVI<100$ 污泥沉降性能好

$100<SVI<200$ 污泥沉降性能一般

$200<SVI<300$ 污泥沉降性能较差

$SVI>300$ 污泥膨胀

正常情况下,城市污水SVI值在100~150之间。

三、实验设备与试剂

(1)活性污泥法处理系统。

(2)循环式真空泵,布氏漏斗,称量瓶,干燥器。

(3)虹吸管,吸球等提取污泥的器具。

(4)100mL量筒,定时器(秒表)。

四、实验步骤

(1)将虹吸管吸入口放入曝气池的进口处,用吸球将曝气池的混合液吸出。

(2)通过虹吸管将混合液置于100mL量筒中,至100mL刻度处,并从此时开始计算沉淀时间。

(3)将装有污泥的100mL量筒静置,观察活性污泥絮凝和沉淀的过程和特点,30min后记录污泥界面以下的污泥容积。

(4)将经30min沉淀的污泥和上清液一同倒入过滤器中,测定其污泥干重。

(5)计算测定污泥浓度。

五、数据分析

(1)根据测定污泥沉降比(SV)和污泥浓度($MLSS$),计算污泥指数(SVI)。

(2)通过所得到的污泥沉降比和污泥指数，评价该活性污泥法处理系统中活性污泥的沉降性能，判断是否有污泥膨胀的倾向或已经发生膨胀，并分析其原因。

六、思考题

(1)污泥沉降比和污泥体积指数两者有什么区别和联系？

(2)活性污泥的絮凝沉淀有什么特点和规律？

第四节　完全混合式活性污泥法处理系统运行的观测和控制

一、实验目的

(1)通过观察完全混合式活性污泥法处理系统的运行，加深对该系统的特点和运行规律的认识。

(2)通过对模型系统的调试和控制，初步培养模拟小型污水处理实验的基本技能。

(3)熟悉和了解活性污泥处理系统的控制方法，进一步理解污泥负荷、污泥泥龄、溶解氧浓度等控制参数在实验运行中的作用和意义。

二、实验原理

活性污泥法是由曝气池、沉淀池、污泥回流和剩余污泥排除系统所组成。污水和回流的活性污泥一起进入曝气池形成混合液。曝气池是一个生物反应器，通过曝气设备充入空气，空气中的氧溶入污水使活性污泥混合液产生好氧代谢反应。曝气设备不仅传递氧气进入混合液且使混合液得到足够的搅拌而成悬浮状态。这样，污水中的有机物、氧气同微生物能充分接触和反应。随后混合液流入沉淀池，混合液中的悬浮固体在沉淀池中沉下来和水分离。流出沉淀池的就是净化水。沉淀池中的污泥大部分回流，称为回流污泥。回流污泥的目的是使曝气池内保持一定的悬浮固体浓度，也就是保持一定的微生物浓度。曝气池中的生化反应引起了微生物的增殖，含有增殖的微生物的污泥通常从沉淀池中排除，以维持活性污泥系统的稳定运行，这部分污泥叫剩余污泥。

在推流式的传统曝气池中，混合液的需氧量在长度方向是逐步下降。

三、实验设备

(1)活性污泥处理小型设备。

(2)供气系统(包括空压机、贮气罐、减压阀、转子流量计、输送管路)。

(3)溶解氧测定仪。

四、实验步骤

(1)活性污泥的培养和驯化:采集污泥接种,然后进行连续培养驯化。

(2)每套试验装置的污泥浓度或进水流量可以控制在不同的范围。

(3)认真观察曝气池中的气水混合情况,二沉池中的絮凝沉淀以及污泥从二沉池中向曝气池回流等情况。

(4)若曝气池中的气水液混合不充分,可通过流量计加大曝气量;若二沉池中的沉淀状态不佳,可以通过调节回流污泥的挡板,减小回流污泥量;若回流污泥不畅,则可提高挡板来增大回流缝的高度。

(5)测量并记录:①进水流量,可用容积法计量;②进出水的悬浮物浓度。

五、注意事项

(1)由于实验模型设备较小,必须准确测量流量、容积等数据,以免引起较大误差。

(2)防止进水管路和空气管路的堵塞,注意调节回流污泥挡板,保证污泥回流畅通。

(3)排放的污泥量用容积法测定,其浓度则要在污泥排放完毕后,搅拌均匀再测定。

(4)正确使用和掌握溶解氧测定仪和其他仪器。

六、思考题

(1)通过本实验系统的观测和控制,阐明完全混合式活性污泥法的优缺点。

(2)控制曝气池中 DO 的浓度对处理系统的运行有何影响?

第五节　SBR 法间歇式设备(自动控制)

一、实验目的

(1)了解 SBR 法的内部构造和主要组成。

(2)掌握 SBR 工艺各工序的运行操作要点。

(3)就某种污水进行动态实验,以确定工艺参数。

二、实验原理

间歇式活性污泥处理系统又称序批式活性污泥处理系统，英文简称 SBR 工艺(Sequencing Batch Reactor)。本工艺最主要的特征是集有机污染物降解与混合液沉淀于一体，与传统活性污泥法相比较，工艺组成简单，勿需设污泥回流系统，不设二次沉淀池，一般情况下，不产生污泥膨胀现象，在单一的曝气池内能够进行脱氮和除磷反应，易于自动控制，处理水水质好。

SBR 法与传统活性污泥法的最大区别就是：以时间分割的操作方式；以非稳态的生化反应代替了传统的稳态生化反应；以静止的理论沉淀方式代替了传统的动态沉淀方式。SBR 技术的核心是 SBR 反应器(池)，该池将调节均化、初沉、生物降解、二沉等多重功能集于一池，通常情况下，它主要由反应池、配水系统、排水系统、曝气系统、排泥系统，以及自控系统所组成。SBR 工艺在运行上的主要特征是顺序、间歇式的周期运行，其一个周期的运行通常可分为以下 5 个阶段。

(1)流入阶段：将待处理的污水注入反应池，注满后再进行反应。此时的反应池就起了调节池调节均匀化的作用。另外，在注水的过程中也可以配合其他操作，如曝气、搅拌等。

(2)反应阶段：污水达到反应器设计水位后，便进行反应。根据不同的处理目的，可采取不同的操作。

(3)沉淀阶段：以理想静态的沉淀方式使泥水进行分离。由于是在静止的条件下进行沉淀，因而能够达到良好的沉淀澄清及污泥浓缩效果。

(4)排放阶段：经沉淀澄清后，将上清液作为处理水排放直至设计最低水位。有时在排水后可排放部分剩余污泥。

(5)待机阶段：此时反应器内活性污泥混合液较高，等待下一循环。

整个运行如图 4-4 所示。

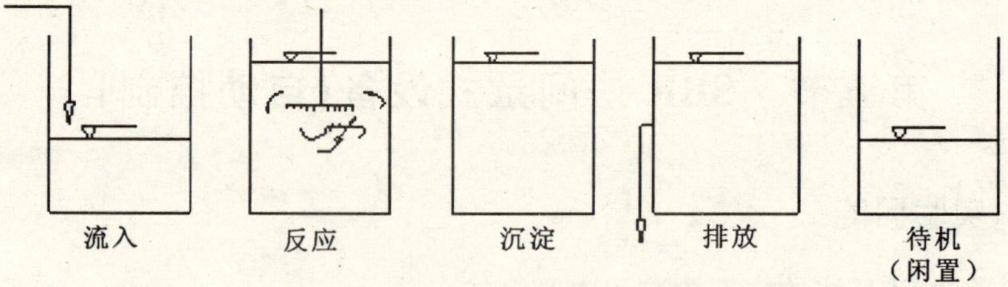

图 4-4　SBR 工艺运行图

这 5 个工序构成了一个处理污水的周期，可以根据需要调整每个工序的持续时间。进水、排水、曝气等动作均由可编程时间控制设置的程序自动运行。

SBR 工艺有以下特点：

(1)生化反应推动力大，反应效率高，池内可处于好养、厌氧交替状态，净化效果好。

(2)运行稳定，污水在理想状态下沉淀，沉淀效果高，排出水水质好。

(3)耐冲击负荷能力强，池内滞留的处理水对污水有稀释、缓冲的作用，可以抵抗水量和有机物的冲击。

(4)运行灵活，工序的操作可以根据水质水量进行调整。

(5)构造简单，便于操作及维护管理。

(6)控制反应池中的 DO，BOD_5，可以有效控制活性污泥膨胀。

(7)适当控制运行方式可实现好氧、缺氧、厌氧的交替，使其具有了较好的脱氮除磷效果。

(8)工艺流程简单，造价低，无需设二沉池及污水回流系统，初沉池和调节池通常也可省略，占地面积小。

三、实验设备与试剂

SBR 法间歇式设备。

四、实验步骤

(1)自动控制反应池，打开水泵将原水送入反应器，至设计水位。

(2)关闭水泵打开气阀，气泵开始曝气(根据目的不同，也可设定计算机程序在进水的同时也可进行曝气等操作)，曝气的时间根据需要在程序控制器上设定。

(3)经过设定的曝气时间后，计算机给出指令，停止曝气，关闭气阀，使反应器内混合液静沉，静沉的时间通过程序控制器来设定。

(4)经过设定静沉的时间后，计算机指令打开阀，使排水管中充满上清液，并使滗水器上浮到液面上，然后指令关闭阀，排出上清液。

1. 使用前的检查

(1)检查关闭以下阀门：

1)进水箱的排空阀门。

2)空气泵的出气阀门。

3)滗水器的出水电磁阀。

4)SBR 反应器的排空阀门。

(2)检查进水泵、空气泵、搅拌泵、电磁泵的电源插头，是否插在相应的功能插座上。

(3)检查关闭相应的功能插座上方的开关(有色点的一端翘起为“关”状态，有色点的一端处于低位为“开”状态)。

2. 学习使用数显时间控制器(可编程时间控制器的操作请仔细阅读其产品使用说明书)

了解四个时间控制器的控制功能(从左到右)：

第一只：进水自动控制，流入时间约1h左右。

第二只：厌氧搅拌时间控制，厌氧时间约1.5～2.5h左右。

第三只：曝气时间控制，可根据需要任意设置(一般可设置4～8h)。静止沉淀时间控制，是由曝气与滗水之间的暂停时间来控制，一般控制在1～2h。

第四只：滗水时间控制，根据需要滗出多少上清液而设置。闲置时间控制(活性搅拌时间控制)，在SBR的闲置期，开启搅拌器对活性污泥进行搅拌和活化，一般在20～60min。

3. 活性污泥的培养和驯化

(1)将活性污泥培养液直接倒入SBR反应器中，并加入1L左右的活性污泥种源。

(2)将活性污泥培养液倒入进水箱(1/4箱左右，每日添加)。

(3)设置：SBR曝气时间3.3h；静止沉淀时间30min；滗水时间30s；闲置时间(活化搅拌时间)10min。

(4)启动SBR反应器让其自动工作。

(5)当活性污泥培养到20%～30%时，便可进行驯化工作。每天在培养液中加入一定量的实验废水进行驯化培养，加入量不断增加，直至活性污泥完全驯化为止。

(6)如果采用人工配制易降解的实验水进行实验，则无需驯化过程。

4. 进行实验

(1)将实验废水或人工配制实验水倒入进水箱。

(2)设置好不同阶段的控制时间。

(3)将电源控制箱插头插上电源，开启总电源空气开关，打开各个功能开关。

(4)打开空气泵出气阀。

(5)可编程时间控制器按至自动状态，SBR反应器进入自动工作状态。

(6)当所设置的滗水时间到了以后，直接从电磁阀出水口取样，进行相关的检测项目测定，得到实验结果。

5. 实验完毕整理

(1)关闭空气泵的出气阀。

(2)关闭功能插座上的所有开关。

(3)关闭电源控制箱上的空气开关,拔下电源插头。

(4)打开进水箱、SBR 反应器的所有排空阀门排水。

(5)用自来水清洗各个容器,排空所有积水,待下次实验备用。

五、注意事项

(1)程序控制器如长时间不用,则内部会无电,不能正常工作。此时,需按一下复位按钮,并将电源插上后,能正常使用。

(2)切换开关形式为:按下是程序控制状态,按上是电脑控制状态。

六、思考题

(1)简述 SBR 法与传统活性污泥法的区别与联系。

(2)简述 SBR 法活性污泥运行过程。

(3)简述 SBR 在工艺上的特点。

(4)简述滗水器的作用。

第六节　恒温 UASB 上流式发酵柱

一、实验目的

(1)了解 UASB 的内部构造。

(2)掌握 UASB 的启动方法,颗粒污泥的形成机理。

(3)就某种污水进行动态试验,以确定工艺参数。

二、实验原理

UASB 的工作形式是:废水自下而上地通过污泥床,在底部有一个高浓度、高活性的污泥层,大部分的有机物在这里被转化为 CH_4 和 CO_2。由于产生污泥消化气,在污泥层的上部可形成一个污泥悬浮层。反应器的上部为澄清区,设有三相分离器,完成沼气、污水、污泥三相的分离。被分离的消化气体从上部导出,被分离的污泥则自动落到下部反应区。

三、实验设备与试剂

UASB 反应装置,其示意图与装置实物图分别如图 4-5、图 4-6 所示。

四、实验步骤

(1)投加接种污泥,接种污泥投加量为 UASB 反应器有效容积的 25%左右。

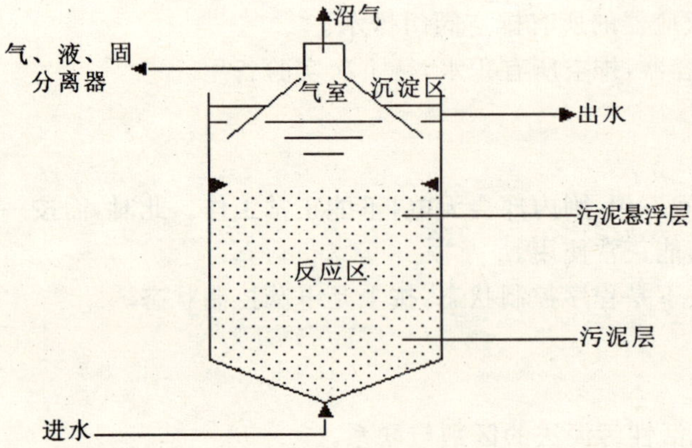

图 4-5　UASB 反应器示意图

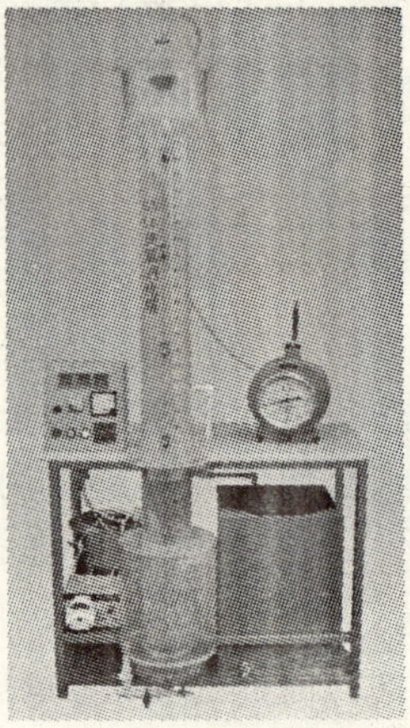

图 4-6　UASB 装置实物图

接种污泥来自生活污水处理厂二沉池的剩余污泥，沉降性能良好。

(2)第一周将 UASB 反应器的有机负荷(以 CODcr 计)控制在 0.5kg/(m^3·d)，以后每隔 7d 增加一次有机负荷。

(3)就某种污水进行动态试验，定期取样测定进出水各项指标。

(4)若能直接从其他 UASB 反应器接种污泥则可省去厌氧污泥培养驯化阶段。

第七节　UASB 废水厌氧可生物降解性实验

一、实验目的

(1)加深对厌氧消化机理的理解。

(2)初步掌握如何使污水、污泥消化设备正常运行。

(3)掌握厌氧消化实验方法及各项指标的测定分析方法。

(4)掌握污水厌氧消化实验数据的处理方法。

(5)对不同消化工艺进行对比实验，确定有机物分解率、产气率与投配比关系。

二、实验原理

厌氧消化是在无氧条件下，借助于厌氧菌的新陈代谢使有机物被分解，整个消化过程分两个阶段、三个过程进行，即：

酸性发酵阶段：包括两个过程，一为水解过程——在微生物胞外酶作用下将不溶有机物水解成溶解的和小分子的有机物；二为酸化过程——在产酸菌作用下将复杂的有机物分解为低级有机酸。

碱性发酵阶段(产甲烷阶段)：在甲烷菌作用下，将酸性发酵阶段的产物——有机酸等分解成为 CH_4、CO_2 等最终产物，这个过程因最终产物是气态的甲烷和二氧化碳等，故又称为气化过程。

整个反应的工艺流程图如图 4－7 所示。

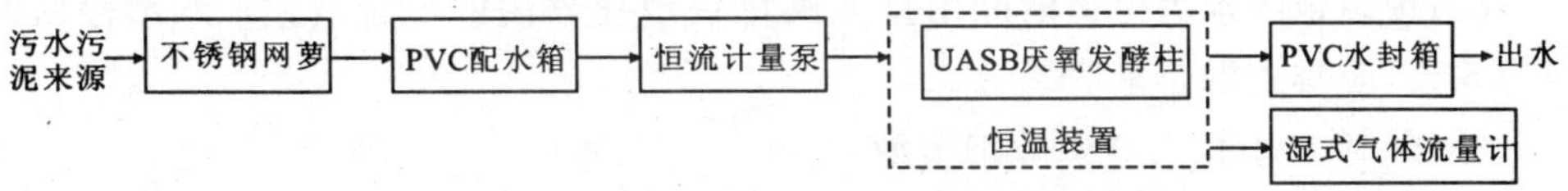

图 4－7　反应工艺流程图

表征废水厌氧生物处理程度的指标之一就是废水的厌氧生物降解性，通过累积产气量大小的测定可直接进行。

由图可以看出，葡萄糖易降解，因此，产气量大于对照组(内源呼吸)，且葡萄糖浓度越高，累积产气量越大，而对于苯酚，微生物在起始阶段存在着适应和驯化，驯化后产气量逐渐加大，直至完全分解。苯酚浓度越高，适应时间越长，且最终累积产气量越大，浓度太高时，微生物被完全抑制，累积产气量将小于内源呼吸，甚至不产气。因此根据累积产气量曲线的形状可以判断基质的厌氧生物可降解性好坏。

三、实验设备与试剂

UASB 厌氧反应装置(图 4－8)；谷氨酸钠；磷酸二氢钾。

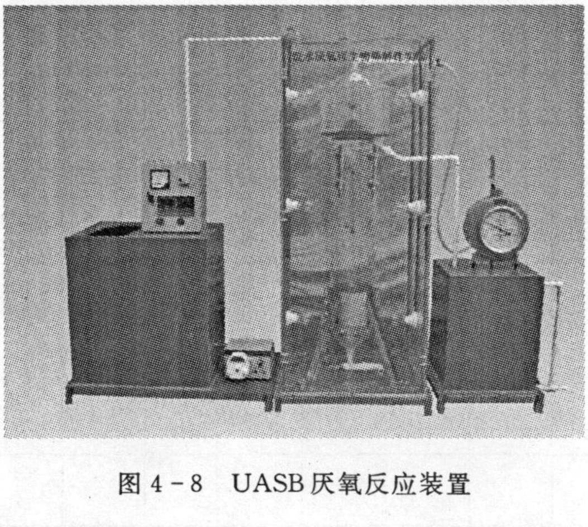

图 4－8　UASB 厌氧反应装置

四、实验步骤

(1)从城市污水厂取回成熟的消化污水、污泥,或取自某些高浓度有机废水。

(2)取 38L 污泥,装入发酵柱内,以 1～2℃/h 的升温速度逐步加温到 32～33℃。

(3)密闭上流式发酵柱,放置一天,以便兼性细菌消耗掉消化器内氧气。

(4)按确定的水力停留时间由排泥阀排去消化器内的混合液。如水力停留时间为 5 天,应排去混合液 8L。

(5)配制 10g/L 的谷氨酸钠溶液。

(6)按确定的停留时间投加谷氨酸钠溶液,和相应的磷酸二氢钾溶液,使发酵柱内混合液体积仍为 38L(加入方法:用玻璃漏斗接上一根 ϕ8～10 软管,另一头插入柱顶铜考克上,先将配好溶液(8L)慢慢倒入漏斗,开启铜考克,慢慢流入,尽量不让空气进入)。

(7)最好能摇动发酵柱,使加入的溶液能均匀混合。

(8)次日记录湿式气体流量计读数,计算一天的产气量。

(9)以后每天重复实验步骤(4)、(6)、(7)、(8)。一般情况下,运行 1～2 个月可以得到稳定的消化系统。

(10)实验系统稳定后连续三天测定 pH 值、气体成分、碱度、进水 COD、出水 COD、MLSS。

五、数据分析

(1)将每天的产气量记入表 4-5 中。

表 4-5　产气量记录表

投加浓度	葡萄糖							苯酚				
(mg/L)	0		150		300		…	150		300		…
时间(d)	日产气量	累积产气量	日产气量	累积产气量	日产气量	累积产气量		日产气量	累积产气量	日产气量	累积产气量	
1												
2												
3												
…												

注:产气量单位 L。

(2)以时间为横坐标,累积产气量为纵坐标,绘出内源呼吸曲线及各种不同投加浓度下的葡萄糖和苯酚的累积产气量曲线。

(3)依据产气量曲线,分析判断苯酚的可降解性。

第八节　ABF 工艺活性生物滤池

一、实验目的

(1)掌握活性生物滤池 ABF 工艺的基本操作过程。

(2)加深理解该实验的原理。

(3)了解该实验的工艺流程、技术参数,提高学生的理论和实践知识。

二、实验原理

ABF 的工艺流程,在通常的活性污泥过程之前设置一个塔式滤池,它同曝气池可以串联,又可以并联,但主要是串联。塔式滤池滤料表面上附着很多活性污泥,滤料的材质采用聚丙烯圆球,Φ40～Φ50,圆球之间有孔隙率,自然通风好,而且老化的生物膜脱落后在滤床中不易堵塞。工程中一般塔高 4～6m。塔的设计负荷率为 3.2kg/(m^3 · d),去除率约 65%,冬季处理效果较差,和水温有关。塔的出流含氧量高达 6～8mg/L(20℃),混合液需氧速率也高,随废水浓度不同,可达 30～300mg/(L · h)。

这里的滤池用鼓风曝气(也可采用表曝),塔是一个强烈的充氧器。因而 ABF 可认为是一个复合式活性污泥法。

污水流过滤池的时间不到 1min,但由于滤料污泥层附着水的存在,实际上污水的逗留时间要长得多。

ABF 工艺流程图如图 4－9 所示,装置示意图如图 4－10 所示。

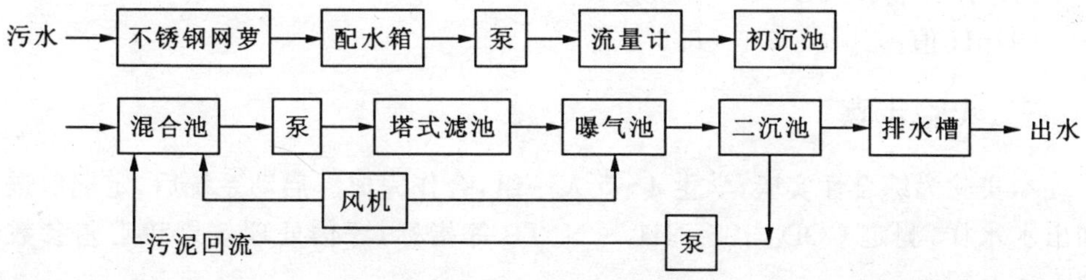

图 4－9　ABF 工艺流程图

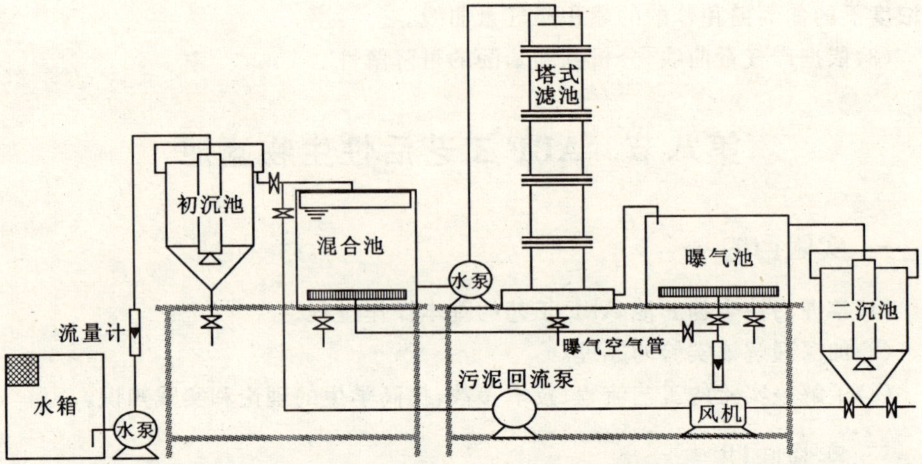

图 4-10　ABF 工艺装置示意图

ABF 工艺设计参数如下：

(1)处理水量：　10～20L/h

(2)初沉池：　HRT　1～1.5h

(3)混合池：　HRT　3～4h

(4)曝气池：　HRT　6～8h

(5)二沉池：　HRT　2h

(6)进水水质：　CODcr　400～800mg/L

出水水质：　CODcr　40～80mg/L

(7)进水水质：　BOD_5　200～400mg/L

出水水质：　BOD_5　15～30mg/L

(8)进水悬浮物：　SS　150～200mg/L

出水悬浮物：　SS　18～30mg/L

(9)pH 值：　6.5～8.5

三、实验步骤

本实验为综合性实验，学生 4～5 人一组，合作完成。启动系统后，定期取进水和出水水样，测定 COD_{Cr}、SS、NH_3－N、TP 等指标，评估处理效果和工艺参数影响。

第九节　生物接触氧化池运行实验

一、实验目的

(1)了解接触氧化塔的内部构造。

(2)掌握接触氧化塔的启动方法,观察微生物生长情况及气泡、水流、生物膜的状态。

(3)就某种污水利用该装置进行动态实验,以确定污水处理的工艺参数。

二、实验原理

接触氧化塔的工作原理是:淹没在废水中的填料上长满生物膜,废水在与生物膜接触过程中,水中的有机物均被微生物吸附,氧化分解和转化为新的生物膜。从填料上脱落的生物膜,随水流到二次沉淀池,通过沉淀与水分离,废水得到净化。微生物所需要的氧气来自水中,空气来自池子底部的曝气装置,在气泡上升过程中,一部分氧气溶解在水里。其实验装置如图 4-11 所示。

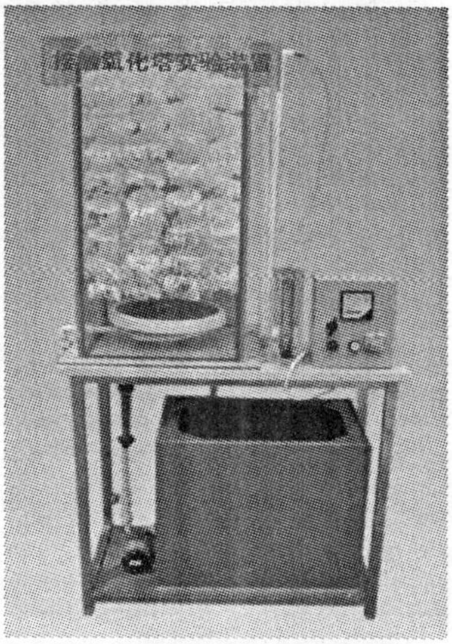

图 4-11　接触氧化塔实验装置

三、实验设备与试剂

接触氧化塔实验装置(图 4-11)。

四、实验步骤

(1)将活性污泥喷淋在接触氧化池填料上,然后加入生活污水,控制水中的 pH 值为 7、BOD 为 200mg/L 左右。

(2)启动鼓风机闷曝 1d。在曝气过程中要控制池中溶解氧含量在 2～4mg/L 之间,并测 SV,若发现该值逐渐减少,说明这些污泥已粘附在填料上。

(3)测定进水 COD、BOD、pH、TN、TP,此阶段 BOD：N：P 值可略高于 100：5：1。

(4)3～5d 后在填料表面上就可以开始看到有很薄的一层膜,此时对 COD 的去除率可达 30%～50%。

(5)大约 10d 后,微生物开始大量繁殖,COD 去除率为 50%～70%。生物膜基本培养成功。随着时间的延长，生物膜开始新陈代谢，老膜开始剥落，出水中出现悬浮物，标志着挂膜阶段结束，可进入正常运转。处理水量：30～40L/h。

(6)观察培养好的生物膜，并将每天记录的各项指标和运行现象进行整理总结。

第十节　废水好氧可生物降解性实验设备

一、实验目的

(1)掌握接触氧化实验的基本操作过程。

(2)加深理解接触氧化的基本流程和原理。

(3)就某种污水利用该装置进行动态实验，以确定该废水的好氧可生化性。

二、实验原理

采用接触氧化塔(即曝气生物污水处理装置)，塔底部进水及进气，使进水污染物同塔内填料上的生物膜、空气充分混合，促使氧气从气相转移到液相，从液相转移到生物膜上，保证膜上的微生物有足够的氧进行对物质的分解、代谢。反应工艺流程图如图 4－12 所示。

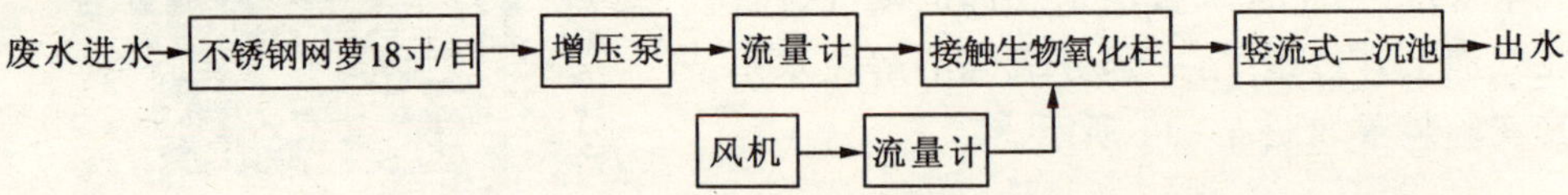

图 4－12　反应工艺流程图

三、实验设备与试剂

废水好氧可生物降解性装置(图 4－13)。

图 4－13　废水好氧可生物降解装置

四、实验步骤

(1)从污水厂二沉池取来 30L 活性污泥，稀释后倒入配水箱内，开动水泵，打入柱内，让污泥循环流动，并开动风机进行曝气挂膜。(有条件可加少量琼脂、葡萄糖，使微生物繁殖的更好。)

(2)1～2 周后，用显微镜观察柱内的生物膜生长状况，当已生长大量微生物时，接着进行下一步工作。

(3)打开进入沉淀池阀门，让整套设备进行系统运转。水量应逐步加大，直到设计流量为止。

(4)定期取样测定进出水各项指标。

第十一节　厌氧消化池

一、实验目的

(1)了解厌氧消化池的内部构造。

(2)通过实验观察及了解厌氧微生物的吸附、吸收和生物降解过程。

(3)掌握采用机械进行厌氧搅拌的方法。

二、实验原理

厌氧消化池是借助于消化池的厌氧活性污泥来净化有机污染物，特点是在一个池内实现厌氧发酵反应和液体与污泥的分离。污水或污泥定期或连续加入消化池，经消化的污泥和污水分别从消化池的底部和上部排出，另外池内设有搅拌装置使池内污泥保持不沉淀。厌氧消化池多应用于处理从污水中分离出来的有机污泥，含有机固体物较多的污水和浓度很高的污水，例如，剩余污泥、畜禽粪便和酒槽废水等。

三、实验步骤

(1)从污水处理厂污泥浓缩池取浓缩污泥适量，倒入厌氧消化池内。

(2)配制进水，COD 控制在 5 000mg/L 左右，进入消化池内。

(3)启动搅拌，观察工作状态。

(4)定期取出水，测量 COD 等，分析处理效果。

(5)注意监控 pH 值，若低于 4.0 则会增大进水中的碱度。

第十二节　污水处理厂立体布置模型

一、实验目的

(1)了解污水处理厂的构造和主要工艺参数。

(2)对不同成分污水的处理效果进行分析与研究。

二、实验原理

本装置为普通活性污泥法城市污水处理的典型流程。这一流程为国内外废水处理工艺所普遍采用。活性污泥法的净化功能中，起主要作用的是活性污泥。活性污泥性能的优劣，对活性污泥系统的净化功能有决定性的作用。活性污泥是由大量微生物凝聚而成，具有很大的表面积，性能优良的活性污泥应具有很强的吸附性能和氧化分解有机污染物的能力，并具有良好的沉淀性能。处理技术单元的排列顺序原则是先易后难，易于去除的悬浮物的处理构筑物如沉砂池、沉淀池等排列于前，而以去除溶解性有机物为目的生物处理构筑物则排列其后，消毒去除病源菌则排列最后。

整套装置为连续运行的实验装置，需要定时测定运行参数和处理效果。根据废水的性质和期望达到的出水水质选择考核的水质项目，从而确定实验配套设备及仪器。一般情况下废水考核的水质项目应该有 pH、COD、BOD、SS 和色度等，应该保证模型的进水 pH 值在 6.5～8.5。处理水量：10～20L/h。曝气池需要配置 1 台溶解氧测定仪。

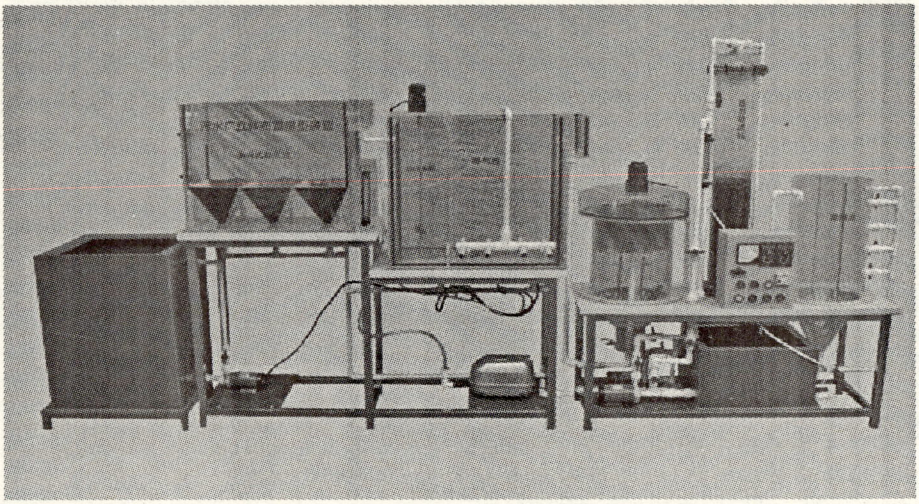

图 4-14　污水处理厂立体布置模型装置

第五章　水和废水监测实验

第一节　水的色度测定

一、实验目的

(1)掌握水的色度指标的测定方法。

(2)复习巩固色度的含义、测定的意义。

二、实验原理

纯净的水是无色透明的。天然水经常呈现出一定的颜色，它主要来自于植物的叶、皮、根，腐殖质以及可溶性无机矿物质和泥砂等的颜色，地面水受工业废水污染后水色变得极为复杂。

水色可分为“真色”和“表色”。“真色”是指去除浊度后水的颜色，测定真色时，如水样浑浊，应放置澄清后进行。取上清液或用孔径为 0.45μm 滤膜过滤，也可经离心后再测定。“表色”是指没有去除悬浮物的水所具有的颜色，测定未经过滤或离心的原始水样的颜色，称为测定“表色”，对于清洁的或浊度很低的水，水的真色和表色相近。对于着色很深的工业废水，其颜色主要是由胶体和悬浮物所造成，可根据实际需要测定“真色”或“表色”。

测定水样色度的方法有铂钴标准比色法和稀释倍数法。前者适用于测定较清洁的、带有黄色色调的天然水和饮用水的色度，以度数表示结果；后者适用于测定受工业废水污染的地面水和工业废水的色度，以稀释倍数表示结果。

铂钴标准比色法是用氯铂酸与氯化钴配成标准色列，与水样进行目视比色。每 1 000mL 水中含有 1mg 铂和 0.5mg 钴时所具有的颜色，称为 1 度，作为标准色度单位。

稀释倍数法是将工业废水按一定的比例，用水稀释到接近无色时，记录实际稀释倍数，其数值即表示该水样的色度。

三、实验设备与试剂

(1)50mL 成套具塞比色管,其标线高度要一致。

(2)离心装置。

(3)分光光度计。

(4)铂—钴标准溶液:称取 1.246g 氯铂酸钾 K_2PtCl_6,再用称量瓶称取 1.000g 干燥的氯化钴 $CoCl_2 \cdot 6H_2O$,共溶于 100mL 去离子水中,加入 100mL 浓 HCl,将此溶液转移至 1 000mL 容量瓶中,再稀释至标线,此标准溶液的色度为 500 度。

四、实验步骤

1. 铂、钴标准比色法

(1)标准色列的配制:取 50mL 比色管 11 支,分别加入铂—钴标准溶液 0mL,0.50mL,1.00mL,1.50mL,2.00mL,2.50mL,3.00mL,3.50mL,4.00mL,4.50mL,5.00mL,加去离子水至标线,摇匀。即配制成色度为 0 度,5 度,10 度,15 度,20 度,25 度,30 度,35 度,40 度,45 度,50 度的标准色列,密封保存,可长期使用。

(2)水样的测定取 50mL 透明的水样于比色管中,如水样色度过高,可取适量水样,用去离子水稀释至 50mL 与标准色列进行比色(观察时,可将比色管置于白磁板上,使光线从管底部向上透过柱液。目光自管口垂直向下观察),将结果乘以稀释倍数。

2. 稀释倍数法

(1)取 100~150mL 澄清水样置烧杯中,以白色瓷板为背景,观测并描述其颜色种类。

(2)分别取澄清的水样,用水稀释成不同倍数,分别取 50mL 置于 50mL 比色管中,管底部衬一白瓷板,由上向下观察稀释后水样的颜色,并与蒸馏水相比较,直至刚好看不出颜色,记录此时的稀释倍数,即为水样的色度。

3. 分光光度法

调节水样 pH 值至 7.6,取离心处理过的水样于比色皿中,按表 5-1 所列的每个波长测定透光率(以百分比计),选用 10 个具有星标号的坐标(如要增加精度则用 30 个坐标),以去离子水为空白测定透光率。

表格所示在 X、Y、Z 行波长下测定透光率,把每行透光率加在一起得总值,将每行总值乘以适当因数(10 或 30 坐标),如表 5-1 所示,就得到 X、Y 和 Z 的三刺激值。其中 Y 是明度百分比。

表 5－1　用分光光度计测定色度时选择的坐标

坐标数	波长(nm)		
	X	*Y*	*Z*
1	424.4	465.9	414.4
2*	435.5*	489.5*	422.2*
3	443.9	500.4	426.3
4	452.1	508.7	429.4
5*	461.2*	515.2*	432.0*
6	474.0	520.6	434.3
7	531.2	525.4	436.5
8*	544.3*	529.8*	438.6*
9	552.9	533.9	400.6
10	558.7	537.7	422.5
11*	564.1*	541.4*	444.4*
12	568.9	544.9	446.3
13	573.2	548.4	448.2
14*	577.4*	551.8*	450.1*
15	581.3	555.1	452.1
16	585.0	558.5	454.0
17*	588.7*	561.9*	459.9*
18	592.9	565.3	457.9
19	596.0	568.9	459.9
20*	599.6*	572.5*	462.0*
21	603.3	576.4	464.1
22	607.0	580.4	466.3
23*	610.9*	584.8*	468.7*
24	615.0	589.6	471.4
25	619.4	594.8	474.3
26*	624.2*	600.8*	477.7*
27	629.8	607.7	481.8
28	636.6	616.0	487.2
29*	645.9*	627.3*	495.2*
30	663.0	647.4	511.2

注：用 30 个坐标的因数：0.032 69　　0.033 33　　0.039 38

　　用 10 个坐标的因数：0.098 06　　0.100 00　　0.118 14

五、数据分析

(1)铂、钴标准比色法的色度计算如下：

$$C=M\times 500/V \tag{5-1}$$

式中：C——水样的色度(度)；

M——铂—钴标准溶液用量(mL)；

V——水样体积(mL)。

(2)稀释倍数法中水样稀释倍数即为其色度。

(3)对于分光光度法，首先用下列公式，由三刺激值 X，Y 和 Z 计算三色系数 x、y：

$$x=x/(X+Y+Z); \quad y=y/(X+Y+Z) \tag{5-2}$$

色度图解上设置点 x、y，并从图上直接查出主波长、纯度(百分比)。根据表 5-2 所列范围，由主波长可查出色调。

结果表示：以主波长(nm)、色调、明度(百分比)和纯度表示。

表 5-2　各种主波长范围的色调

波长范围(nm)	色调	波长范围(nm)	色调
400～465	紫	575～580	黄
465～482	蓝	580～587	黄橙
482～497	蓝绿	587～598	橙
497～530	绿	598～620	橙红
530～576	黄绿	620～700	红

六、思考题

用铂—钴标准法测定水的色度有何适用范围？

第二节　水的浊度测定

一、实验目的

(1)了解浊度的含义。

(2)掌握目视比浊法和光电比浊法测定浊度的原理及方法。

二、实验原理

浊度是表现水中悬浮物对光线透过时所发生的阻碍程度。水中含有泥土、粉砂、微细有机物、无机物、浮游生物和其他微生物等悬浮物和胶体物都可使水体呈现浊度。水的浊度大小不仅和水中存在的颗粒物含量有关，而且和颗粒物粒径大小、形状、颗粒表面光散射特性等有密切关系，规定采用 1 000mL 蒸馏水中含有 1mg 二氧化硅为一个浊度单位。

测定水样浊度有目视比浊法和分光光度法。样品收集于具塞玻璃瓶内，取样后应尽快测定。如需保存，则可在 4℃冷暗处保存 24h，测试前要剧烈振摇匀水样并恢复到室温。

目视比浊法是根据水样的混浊程度，配制不同浊度的标准系列，将其与同体积的水样在黑色底板上进行目视比较，即得水样浊度。

分光光度法是在适当温度下，硫酸肼与六次甲基四胺聚合，形成白色高分子聚合物。以此作参比浊度标准液，在一定条件下（680nm 波长；3cm 比色皿）与水样浊度相比较，先测定系列浊度标准液的吸光度，绘制标准曲线（吸光度和浊度的关系图），然而在同样条件下，测定水样的吸光度，在标准曲线上查得相应的浊度值。

三、实验设备与试剂

(1)比色管。

(2)容量瓶。

(3)量筒。

(4)无色玻璃瓶（具塞）。

(5)分光光度计。

(6)浊度标准液（目视比浊法用）：①称取 10g 通过 0.1mm 筛孔（150 目）的硅藻土，于研钵中加入少许蒸馏水调成糊状并研细，移入 1 000mL 量筒中，加水至刻度。充分搅拌，静置 24h，用虹吸法仔细将上层 800mL 悬浮液移至第二个 1 000mL 量筒中，向第二个量筒内加水至 1 000mL，充分搅拌后再静置 24h。虹吸出上层含有较细颗粒的 800mL 悬浮液，弃去。下部沉积物加水稀释至 1 000mL，充分搅拌后贮于具塞玻璃瓶中，作为浑浊度原液。其中含硅藻土颗粒直径大约为 40μm 左右。取上述悬浊液 50.0mL 置于已恒重的蒸发器皿中，在水浴上蒸干。于 105℃烘箱内烘 2h，置于干燥器中冷却 30min，称重。重复上述操作直至恒重。求出每毫升悬浊液中含硅藻土的重量（mg）。②吸取含 250mg 硅藻土的悬浊液，置于1 000mL容量瓶中，加水至刻度，摇匀。此溶液浊度为 250 度。③吸取浊度为 250 度的标准液 100.0mL 置于 250mL 容量瓶中，用水稀释至刻度，此溶液浊度为

100 度，向上述原液及各标准液中加入 1g 氯化汞，以防菌类生长。

(7)浊度标准液(分光光度法用)。

1)硫酸肼溶液：称取 1.000g 硫酸肼[$(NH_2)_2SO_4 \cdot H_2SO_4$]溶于水中，定容至 100mL。

2)六次甲基四胺溶液：称取 10.00g 六次甲基四胺[$(CH_2)_6N_4$]溶于水中，定容至 100mL。

3)甲脂聚合物标准液，吸取 5.00mL 硫酸肼溶液和 5.00mL 六次甲苯四胺溶液于 100mL 容量瓶中，混匀。于 25±3℃温度下反应 24h，用水稀释至标线，混匀。此贮备液的浊度为 400 度，可保存 1 个月。

四、实验步骤

(一)目视比浊法

1. 浊度低于 10 度的水标

(1)吸取浊度为 100 度的标准液 0.0mL，1.0mL，2.0mL，3.0mL，4.0mL，5.0mL，6.0mL，7.0mL，8.0mL，9.0mL 及 10.0mL 于 100mL 比色管中，加水稀释至标线，混匀，其浊度依次为 0 度，1.0 度，2.0 度，3.0 度，4.0 度，5.0 度，6.0 度，7.0度，8.0 度，9.0 度，10.0 度的标准液。

(2)取 100mL 摇匀水样置于 100mL 比色管中，与浊度标准液进行目视比较(可在黑色底板上、由上往下垂直观察)。

2. 浊度高于 10 度的水样

(1)吸取浊度为 250 度的标准液 0mL，10mL，20mL，30mL，40mL，50mL，60mL，70mL，80mL，90mL 及 100mL 置于 250mL 的容量瓶中，加水稀释至标线，混匀，即得浊度为 0 度，10 度，20 度，30 度，40 度，50 度，60 度，70 度，80 度，90 度及 100 度的标准液，移入成套的 250mL 具塞玻璃瓶中，每瓶加入 1g 氯化汞，以防菌类生长，密塞保存。

(2)取 250mL 摇匀水样，置于成套的 250mL 具塞玻璃瓶中，瓶后放一有黑线的白纸作判别标志，从瓶前向后观察，根据目标清晰程度，选出与水样产生视觉效果相近的标准液，记下其浊度值。

(3)水样浊度超过 100 度时，用水稀释后测定。

(二)分光光度法

1. 标准曲线的绘制

吸取浊度为 400 度标准液 0mL，0.50mL，1.25mL，2.50mL，5.00mL，10.00mL 及 12.50mL，置于 50mL 比色管中，加水至标线。摇匀后即得浊度为 0 度，4 度，10 度，20 度，40 度，80 度，100 度的标准系列。于 680nm 波长，用 3cm 比色皿，

测定溶液吸光度,绘制标准曲线。

2. 水样测定

吸取 50.0mL 摇匀水样,如浊度超过 100 度,可酌情少取,用水稀释到 50.0mL 比色管中,按标准曲线步骤测定吸光度。由标准曲线上查得水样浊度。

五、数据分析

分光光度法测得的水样浊度计算如下:

$$浊度 = A/C \times 50 \tag{5-3}$$

式中:A——稀释过水样的浊度;

C——原水样体积(mL)。

六、思考题

根据实验所测水样的浊度,可以得到怎样的结论?它们是否符合我国的饮用水标准?

第三节　电导率

一、实验目的

(1)了解电导率的含义。

(2)掌握电导率的测定方法。

二、实验原理

电导率是以数字表示溶液传导电流的能力。纯水的电导率很小,当水中含无机酸、碱或盐时,电导率增加。电导率常用于间接推测水中离子成分的总浓度。水溶液的电导率取决于离子的性质和浓度、溶液的温度和粘度等。

电导率的标准单位是 S/m(即西门子/米),此单位与 Ω/m 相当。一般实际使用单位为 mS/m,此单位与 10μΩ/cm 相当(μS/cm = 微西门子/厘米)。单位间的互换为:1mS/m = 0.01mS/cm = 10μΩ/cm = 10μS/cm。

新蒸馏水电导率为 0.05～0.2mS/m,存放一段时间后,由于空气中的二氧化碳或氨的溶入,电导率可上升至 0.2～0.4mS/m;饮用水电导率在 5～150mS/m 之间;海水电导率大约为 3 000mS/m;清洁河水电导率约为 10mS/m。电导率随温度变化而变化,温度每升高 1℃,电导率增加约 2%,通常规定 25℃为测定电导率的标准温度。

由于电导率是电阻的倒数，因此当两个电极(通常为铂电极或铂黑电极)插入溶液中，可以测出两电极间的电阻 R。根据欧姆定律，温度一定时，这个电阻值与电极的间距 L(cm)成正比，与电极的截面积 A(cm^2)成反比，即：

$$R=\rho\frac{L}{A}$$

由于电极面积 A 与间距 L 都是固定不变的，故$\frac{L}{A}$是一个常数，称电导池常数(以 Q 表示)。比例常数 ρ 叫作电阻率。其倒数 $1/\rho$ 称为电导率，以 K 表示。

$$S=\frac{1}{R}=\frac{1}{\rho Q} \tag{5-4}$$

S 表示电导度，反映导电能力的强弱。所以，$K=QS$ 或 $K=Q/R$。当已知电导池常数，并测出电阻后，即可求出电导率。

三、实验设备与试剂

(1)电导率仪：误差不超过 1%。

(2)温度计：能读至 0.1℃。

(3)恒温水浴锅：25±2℃。

(4)纯水(电导率小于 0.1mS/m)。

(5)氯化钾标准溶液 C(KCl)=0.010 0mg/L。称取 0.745 6g 于 105℃干燥 2h 并冷却的氯化钾，溶于纯水中，于 25℃下定容至 1 000mL。此溶液在 25℃时电导率为 141.3mS/m。必要时可适当稀释，各种浓度氯化钾溶液的电导率(25℃)见表 5-3。

表 5-3　不同浓度氯化钾的电导率

浓度(mol/L)	电导率(mS/m)
0.000 1	1.494
0.000 5	7.39
0.001	14.7
0.005	71.78

四、实验步骤

注意阅读各种型号的电导率仪使用说明书。

1. 电导池常数测定

(1)用 0.01mol/L 标准氯化钾溶液冲洗电导池三次。

(2)将此电导池注满标准溶液，放入恒温水浴中约 15min。

(3)测定溶液电阻 R_{KCl}，更换标准液后再进行测定，重复数次，使电阻稳定在±2%范围内，取其平均值。

(4)用公式 $Q=KR_{KCl}$ 计算。对于 0.1mol/L 氯化钾溶液，在 25℃时 $K=141.3$mS/m，则：$Q=141.3R_{KCl}$。

2. 样品测定

用水冲洗电导池数次，再用水样冲洗后，装满水样，同步骤(3)测定水样电阻 R。由已知电导池常数 Q，得出水样电导率 K。同时记录测定温度。

五、数据分析

电导率计算如下：

$$K=\frac{Q}{R}=\frac{141.3R_{KCl}}{R} \tag{5-5}$$

式中：R_{KCl}——0.01moI/L 氯化钾标准溶液电阻(Ω)；

R——水样电阻(Ω)；

Q——电导池常数。

当测定时水样温度不是 25℃时，样品电导率为：

$$K_s=K_t/[1+\alpha(t-25)]$$

式中：K_s——25℃时电导率(mS/m)；

K_t——测定时 t 温度下电导率(mS/m)；

α——各离子电导率平均温度系数，取为 0.022；

t——测定时温度(℃)。

六、注意事项

(1)最好使用和水样电导率相近的氯化钾标准溶液测定电导池常数。

(2)如使用已知电池常数的电导池，不需测定电导池常数，可调节好仪器直接测定，但要经常用标准氯化钾溶液校准仪器。

七、思考题

测定水中的电导率有何意义？

第四节　悬浮固体

一、实验目的

(1)掌握悬浮固体的测定方法。

(2)复习巩固水中固体物质的来源、分类，测定的原理、方法、意义。

二、实验原理

悬浮固体是指剩留在滤料上并于 103℃～105℃烘至恒重的固体。测定的方法是将水样通过滤料后，烘干固体残留物及滤料，将所称重量减去滤料重量，即为悬浮固体(不可过滤残渣量)。

三、实验设备与试剂

(1)定量滤纸。

(2)漏斗。

(3)称量瓶，内径 30～50mm。

四、实验步骤

(1)取一张滤纸放于称量瓶中，打开瓶盖，于 103℃～105℃烘箱中烘干 30min，取出置于干燥器中冷却 30min 称重，直至恒重(两次称重不超过±0.000 5g)。将称量瓶＋滤纸放于滤器中。

(2)水样充分混合均匀，量取 100mL 通过滤纸抽吸过滤，用去离子水冲洗三次，继续抽滤以除去水分。

(3)小心取下滤纸，放入称量瓶中，开盖，于 103℃～105℃烘箱中烘干 1h。取出移入干燥器中冷却 30min，称重，直至恒重。

五、数据分析

悬浮固体重量计算如下：

$$悬浮固体重量=(W_1-W_2)\times 1\,000\times 1\,000/V \quad (5-6)$$

式中：W_1——称量瓶重(g)；

W_2——悬浮物加称量瓶重(g)；

V——水样体积(mL)。

六、思考题

悬浮固体测定过程中需要特别注意哪些细节问题？

第五节　水的碱度的测定

一、实验目的

(1)了解碱度的基本概念。

(2)掌握酸碱指示剂滴定法测定碱度的原理和方法。

二、实验原理

用标准浓度的酸溶液滴定水样，用酚酞和甲基橙做指示剂，根据指示剂颜色的变化判断终点。根据滴定水样所消耗的标准浓度的酸的用量，即可计算出水样的碱度。

三、实验设备与试剂

(1)25mL 酸式滴定管。

(2)250mL 锥形瓶。

(3)无二氧化碳水：配制试剂所用的蒸馏水或去离子水使用前煮沸 15min，冷却至室温。pH 值大于 6.0，电导率小于 2μS/cm。

(4)酚酞指示剂：称取 1g 酚酞溶于 100mL 95%乙醇中，用 0.1mol/L NaOH 溶液滴至出现淡红色为止。

(5)甲基橙指示剂：称取 0.1g 甲基橙溶于 100mL 蒸馏水中。

(6)碳酸钠标准溶液($1/2Na_2CO_3$=0.050 0mol/L)：称取 2.648g(于 250℃烘干 4h)无水碳酸钠(Na_2CO_3)，溶于无 CO_2 的去离子水中，转移至 1 000mL 容量瓶中，用水稀释至标线，摇匀。贮于聚乙烯瓶中，保存时间不要超过一周。

(7)盐酸标准溶液(0.050 0mol/L)：用刻度吸管吸取 4.2mL 浓 HCl(ρ=1.19g/mL)，并用蒸馏水稀释至 1 000mL，此溶液浓度=0.050mol/L。其准确浓度标定如下：用 25.00mL 移液管吸取 Na_2CO_3 标准溶液于 250mL 锥形瓶中，加无 CO_2 去离子水稀释至 100mL，加入 3 滴甲基橙指示剂，用 HCl 标准溶液滴定至由桔黄色刚变为桔红色，记录 HCl 标准溶液的用量(平行滴定三次)。按下式计算其推确浓度：

$$c=25.00\times0.05/V \tag{5-7}$$

式中：c——盐酸溶液的浓度(mol/L)；

V——消耗的盐酸标准溶液体积(mL)。

四、实验步骤

(1)用 100mL 移液管吸取水样于 250mL 锥形瓶中，加入 4 滴酚酞指示剂，摇匀。若溶液无色，不需用 HCl 标准溶液滴定，请按步骤(2)进行。若加酚酞指示剂后溶液变为红色，用 HCl 标准溶液滴定至红色刚刚褪为无色，记录 HCl 标准溶液的用量。

(2)在上述锥形瓶中，滴入 1～2 滴甲基橙指示剂，摇匀。用 HCl 标准溶液滴定至溶液由桔黄色刚刚变为桔红色为止。记录 HCl 标准溶液用量(平行滴定三次)。

五、数据分析

(1)总碱度计算。

$$总碱度(以 CaO 计,mg/L)=\frac{C\times(P+M)\times 28.04}{V}\times 1\,000 \tag{5-8}$$

$$总碱度(以 CaCO_3 计,mg/L)=\frac{C\times(P+M)\times 50.05}{V}\times 1\,000 \tag{5-9}$$

式中：C——盐酸标准溶液的浓度(mol/L)；

P——水样加酚酞指示剂滴定到红色褪去盐酸标准溶液用量(mL)；

M——水样加酚酞指示剂滴定到红色褪去后，接着加甲基橙滴定到变色时盐酸标准溶液用量(mL)；

V——水样体积(mL)。

(2)根据 T、P 之间的关系计算氢氧化物、碳酸盐、重碳酸盐碱度。

六、思考题

(1)为什么甲基橙碱度就是总碱度？而酚酞碱度却不能作为总碱度？

(2)同一水样中酸度与碱度能否同时存在？为什么？

(3)根据你测定的结果，计算水样的各种碱度的含量。

第六节　水的硬度的测定

一、实验目的

(1)了解水的硬度含义、单位及其换算。

(2)掌握 EDTA 组合滴定法测定水的总硬度的原理及方法。

二、实验原理

将溶液的 pH 值调整到 10,用 EDTA 溶液络合滴定钙、镁离子。铬黑 T 作指示剂与钙、镁离子生成紫红色络合物。滴定中,游离的钙和镁离子首先与 EDTA 反应,跟指示剂络合的钙镁离子随后与 EDTA 反应,到达终点时溶液的颜色由紫色变为天蓝色。

三、实验设备与试剂

(1)50mL 滴定管。

(2)250mL 锥形瓶。

(3)钙标准溶液:10mmol/L。将 $CaCO_3$ 在 150℃ 干燥 2h,取出放在干燥器中冷至室温,称取 1.001g 于 500mL 锥形瓶中,用水润湿。逐滴加入 4mol/L HCl 溶液至 $CaCO_3$ 全部溶解,避免滴入过量酸。加 200mL 水,煮沸数分钟赶除 CO_2,冷却至室温,加入数滴甲基红指示剂(0.1g 溶于 100mL 60%乙醇),逐滴加入 3mol/L 氨水至变为橙色,转移至 1 000mL 容量瓶中,定容至 1 000mL。此溶液 1.00mL 含 0.400 8mg Ca(0.01mmol/L),$M_1=W/m$。

(4)EDTA—2Na 标准溶液:10mmol/L。

将 EDTA—2Na—$2H_2O$ 合物($C_{10}H_{14}N_2O_8Na_2 \cdot 2H_2O$)在 80℃干燥 2h 后置于干燥器中冷至室温,称取 3.725g EDTA—2Na,溶于去离子水中,转移至 1 000mL容量瓶中,定容至 1 000mL,其准确浓度标定如下:用移液管吸取 20.00mL EDTA—2Na 标准溶液于 250mL 锥形瓶中,加入 25mL 去离子水,稀释至 50mL。再加入 5mL 缓冲溶液及 3 滴铬黑 T 指示剂(或 50～100mg 铬黑 T 干粉),此溶液应呈紫红色,pH 值应为 1.0。为防止产生沉淀应立刻在不断搅拌下,自滴定管加入 EDTA—2Na 标准溶液,开始滴定时速度宜稍快,滴定至溶液由紫红色变为蓝色,计算其准确浓度:$M_2=MLV_1/V_2$。

(5)缓冲溶液(pH=10)。①称取 16.9g 氯化氨(NH_4Cl),溶于 143mL 浓氢氧化氨中。②称取 0.780g 硫酸镁($MgSO_4 \cdot 7H_2O$)及 1.178gEDTA—2Na—$2H_2O$ 合物,溶于 50mL 去离子水中,加入 2mLNH_4Cl—NH_4OH 溶液和 5 滴铬黑 T 指示剂(此时溶液应成紫红色,若为蓝色,应加极少量 $MgSO_4$ 使成紫红色)。用 EDTA—2Na 溶液滴定至溶液由紫红色变为蓝色,合并①、②两种溶液,并用去离子水稀释至 250mL,合并如溶液又变为紫红色,在计算过程中应扣除空白。

(6)0.5%铬黑 T 指示剂:称取 0.5g 铬黑 T,容于 100mL 二乙醇胺,可用少于 25mL 乙醇代替二乙醇胺以减少溶液的粘性,盛放在棕色瓶中。或者,配制成铬黑 T 干粉,称取 0.5g 铬黑 T 与 100g NaCl 充分混合,研磨后通过 40～50 目筛,盛放在棕色瓶中，紧塞，可长期使用。

(7)0.5%硫化钠溶液：称取5.0g硫化钠($Na_2S \cdot H_2O$)溶于去离子水中，稀释至100mL。

(8)1.0%盐酸羟胺溶液：称取1.0g盐酸羟胺($NH_2OH \cdot HCl$)，溶于去离子水中稀释至100mL。

(9)10%氰化钾溶液：称取10.0g氰化钾(KCN)溶于去离子水中，稀释至100mL。注意此溶液剧毒！

四、实验步骤

(1)用移液管吸取50.0mL水样(硬度过大时，可取适量水样用去离子水稀释至50mL，硬度过小时，改取100mL水样)，于250mL锥形瓶中。

(2)加入1～2mL缓冲溶液及5滴铬黑T指示剂(或一小勺固体指示剂)，立刻用EDTA—2Na标准溶液滴定，充分振摇，至溶液由紫红色变为蓝色，即表示到达滴定终点。记录EDTA—2Na消耗的用量。

(3)若水样中含有金属干扰离子使滴定终点延迟或颜色发暗，可另取水样，加入0.5mL盐酸羟胺溶液及1mL Na_2S溶液或0.5mL KCN溶液后，再按(2)继续进行。

五、数据分析

总硬度计算如下：

$$总硬度(mg/L,CaCO_3)=c \cdot V_1 \times 100.9 \times 1\,000/V \qquad (5-10)$$

式中：c——EDTA—2Na浓度(mol/L)；

V_1——EDTA—2Na溶液的消耗量(mL)；

V——水样的体积(mL)。

六、思考题

(1)根据水样碱度及总硬度测定结果计算总硬度、碳酸盐硬度和非碳酸盐硬度(以$CaCO_3$ mg/L、毫克当量/L和度表示)。

(2)如果碳酸盐硬度加重碳酸盐硬度大于非碳酸盐硬度，这是什么原因？

第七节　水中溶解氧的测定

一、实验目的

掌握碘量法测定水中溶解氧的原理和方法。

二、实验原理

氧在碱性溶液中使二价锰氧化成四价锰，而四价锰在酸溶液中使碘离子氧化成碘分子，释放出来的碘量＝水中的溶解氧量，碘量用硫代硫酸钠溶液测定。

三、实验设备与试剂

(1)250～300mL 溶解氧瓶。

(2)25mL 滴定管。

(3)250mL 锥形瓶。

(4)浓硫酸 H_2SO_4(比重 1.84)。

(5)硫酸锰溶液：称取 480g 硫酸锰($MnSO_4 \cdot 4H_2O$ 或 400g 二水硫酸锰($MnSO_4 \cdot 2H_2O$)溶于去离子水中，过滤并稀释至 1 000mL。

(6)碱性碘化钾溶液：称取 500g NaOH 溶于 300～400mL 去离子水中，另称取 150g KI(或 135g NaI)溶于 200mL 去离子水中，待 NaOH 溶液冷却后，将两溶液合并混匀，用去离子水稀释至 1 000mL。静置 24h 使 Na_2CO_3 下沉，倒出上层澄清液，贮于棕色瓶中。用橡皮塞塞紧，避光保存。

(7)1%淀粉溶液：称取 1g 可溶性淀粉，用少量水调成糊状，用刚煮沸的水冲稀至 100mL。冷却后，加入 0.1g 水杨酸或 0.4g $ZnCl_2$ 防腐。

(8)0.100 0mol/L($1/6K_2Cr_2O_7$)重铬酸钾标准溶液：称取于 105～110℃烘干 2h 并冷却的 $K_2Cr_2O_7$ 4.903 1g，溶于去离子水中，转移至 1 000mL 容量瓶中，用水稀释至刻线，摇匀。

(9)硫代硫酸钠溶液：称取 25g 硫代硫酸钠($Na_2S_2O_3 \cdot 5H_2O$)，溶于 1 000mL 煮沸放凉的去离子水中，加入 0.4g NaOH 或 0.2g Na_2CO_3。贮于棕色瓶中。此溶液浓度约为 0.1mol/L，准确浓度可按下法标定：于 250mL 碘量瓶中，加入 100mL 去离子水和 1g KI，用移液管吸取 10.00mL 0.100 0mol/L $K_2Cr_2O_7$ 标准溶液、5mL 1∶5 H_2SO_4 溶液，密塞，摇匀。置于暗处 5min，取出后用待标定的硫代硫酸钠溶液滴定至由棕色变为淡黄色时，加入 1mL 淀粉溶液，继续滴定至蓝色刚好褪去为止，记录用量。计算硫代硫酸钠的浓度：

$$M = 10.00 \times 0.100\,0 / V \tag{5-11}$$

式中：M——硫代硫酸钠的浓度(mol/L)；

V——滴定时消耗硫代硫酸钠的体积(mL)。

将计算的准确浓度标记在盛硫代硫酸钠溶液的瓶上，并以此溶液作为配制 0.025 0mol/L 硫代硫酸钠溶液的原液。0.025 0mol/L 硫代硫酸钠标准溶液配制：取一定量上述硫代硫酸钠原液，用刚煮沸并冷却的去离子水稀释至 1 000mL

即成。所需硫代硫酸钠原液量可按下式求得：

$Na_2S_2O_3$标准溶液所需原液量＝25/ $Na_2S_2O_3$的浓度

于每升 0.025 0mol/L $Na_2S_2O_3$标准溶液中加入 0.4g NaOH 或 0.2g 无水 Na_2CO_3以便保存(溶液贮于棕色瓶中)。此溶液每两周配制 1 次。

四、实验步骤

(1)采集水样时,先用水样冲洗溶解氧瓶后,沿瓶壁直接注入水样或用虹吸法将细管插入溶解氧瓶底部,注入水样至溢流出瓶容积的 1/3～1/2。要注意不使水样曝气或有气泡残存在溶解氧瓶中。

(2)用刻度吸管吸取 1mL $MnSO_4$溶液,加入装有水样的溶解氧瓶中,加注时,应将吸管插入液面下。

(3)按上法,加入 2mL 碱性 KI 溶液。

(4)盖紧瓶塞,将样瓶颠倒混合数次,静置。待沉淀降至瓶内一半时,再颠倒混合一次,待沉淀物下降至瓶底。用刻度吸管吸取 2mL 浓 H_2SO_4,插入液面下加入,盖紧瓶塞。颠倒混合,直至沉淀物全部溶解为止。放置暗处 5min。

(5)用移液管吸取 100.0mL 上述溶液放于 250mL 锥形瓶中,用 0.025 0mol/L $Na_2S_2O_3$标准溶液滴定至溶液呈淡黄色,加入 1mL 淀粉溶液。继续滴定至蓝色刚刚褪去,记录硫代硫酸钠溶液用量。

五、数据分析

溶解氧浓度计算如下：

$$溶解氧浓度=2V \tag{5-12}$$

式中：V——0.025 0mol/L 硫代硫酸钠标准溶液用量(mL)。

六、思考题

(1)水样中加入 $MnSO_4$和碱性 KI 溶液后,如发现白色沉淀,测定还须继续进行吗？试说明理由。

(2)在上述测定和计算中未考虑因试剂的加入而损失的水样体积,你认为这样做对于试验结果的影响如何？

(3)试推导溶解氧测定的计算公式。

第八节　水中高锰酸盐指数的测定

一、实验目的

(1)了解高锰酸盐指数的含义。

(2)掌握氧化—还原滴定法测定水中高锰酸盐指数的原理及方法。

二、实验原理

在水中加入一定量的高锰酸钾,煮沸十分钟,使水中有机物氧化(红色),加入草酸,使过量的高锰酸钾与草酸作用(无色),最后用高锰酸钾反滴定多余的草酸(红色出现时为终点,自身指示剂),根据用去的高锰酸钾量计算出耗氧量(以 mg/L 计)。

三、实验设备与试剂

(1)水浴和相当的加热装置。

(2)酸式滴定管。

(3)250mL 锥形瓶。

(4)不含还原性物质的水:将 1 000mL 去离子水置于全玻璃蒸馏器中,加入 10mL H_2SO_4和 $KMnO_4$($1/5KMnO_4 \approx 0.1mol/L$)蒸馏。弃去 100mL 初馏液.余下馏出液贮于具塞的细口瓶中,以下试剂均由此蒸馏水配制。

(5)$1+3H_2SO_4$溶液。

(6)草酸钠标准贮备液($1/2\ Na_2C_2O_4 = 0.100\ 00mol/L$):称取 0.670 5g(经120℃烘干 2h 后放于干燥器) $Na_2C_2O_4$溶于去离子水中,转于 100mL 容量瓶中,用水稀释至标线,摇匀,置 4℃保存。

(7)草酸钠标准溶液($1/2\ Na_2C_2O_4 \approx 0.010\ 0mol/L$):吸取 10.00mL 上述草酸钠贮备液于 100mL 容量瓶中,加水稀释至标线,混匀。

(8)高锰酸钾标准贮备液($1/5KMnO_4 \approx 0.1mol/L$):称取 3.2g $KMnO_4$ 溶于水并稀释至 1 000mL。于 90～95℃水浴加热 2h,冷却。存放两天,倾出清液,贮于棕色瓶中。

(9)高锰酸钾标推溶液($1/5KMnO_4 = 0.01mol/L$):吸取上述 $KMnO_4$贮备液 100mL 于 1 000mL 容量瓶中,用水稀释至刻线,混匀。此溶液在暗处可保存几个月,使用当天标定其浓度。

四、实验步骤

(1)吸取 100.0mL 经充分摇匀的水样(或取适量水样,稀释至 100mL),置于 250mL 锥形瓶中,加入 5mL 1+3 H_2SO_4,用滴定管加入 10.00mL $KMnO_4$标准溶液(0.01mol/L),摇匀。将锥形瓶置于沸水浴中加热 30min(水浴沸腾开始记时)。

(2)将上述溶液从沸水中取出后用滴定管加入 10.00mL 0.010 0mol/L $Na_2C_2O_4$标准溶液至溶液变为无色。趁热用 0.01mol/L $KMnO_4$标准溶液滴定到刚出现粉红色,并保持 30s 不褪色。记录消耗的 $KMnO_4$溶液的体积 V_1。

(3)空白试验用 100.0mL 水代替水样,按上述步骤测定,记录滴定消耗的 $KMnO_4$溶液的体积 V_0。

(4)向上述空白试验滴定后的溶液中加入 10.00mL 0.010 0mol/L $Na_2C_2O_4$标准溶液,将溶液加热至 80℃,用 0.01mol/L $KMnO_4$继续滴定至刚出现粉红色,并保持 30s 不褪色。记录消耗的 $KMnO_4$溶液的体积 V_2。

五、数据分析

高锰酸钾指数计算如下:

$$\text{高锰酸钾指数}=\frac{[(10+V_1)\frac{10}{V_2}-10]\times c\times 8\times 1\,000}{V_3} \tag{5-13}$$

式中:V_1——滴定水样时消耗高锰酸钾标准溶液的体积(mL);

V_2——标定高锰酸钾标准溶液时所消耗的高锰酸钾标准溶液的体积(mL);

V_3——所取水样的体积;

c——草酸标推溶液的浓度(0.010 0mol/L)。

如样品经稀释后测定,按下式计算:

$$\text{高锰酸钾指数}=\frac{\{[(10+V_1)\frac{10}{V_2}-10]-[(10+V_0)\frac{10}{V_2}-10]\times f\}\times c\times 8\times 1\,000}{V_3} \tag{5-14}$$

式中:V_0——空白试验时,消耗的高锰酸钾标准溶液的体积(mL);

V_3——所取水样的体积(mL);

f——稀释水样时,去离子水在 100mL 测定用体积内所占比例(例如:取 10mL 水样用去离子水稀释至 100mL,f=0.90)。

六、注意事项

(1)沸水浴的水面要高于锥形瓶的液面。

(2)加热时,如溶液红色褪去,说明 $KMnO_4$ 量不够。需重新取样,稀释后测定。

(3)滴定时温度低于 60℃,反应速度缓慢,应加热至 80℃左右后再滴定。

七、思考题

(1)高锰酸盐指数测得的有机物含量大大低于 COD,为什么现在(尤其在一些发达国家)仍然采用该指标?

(2)测定加热过程中,如溶液红色褪去说明什么?该怎么办?

第九节　水中化学需氧量的测定

方法一:重铬酸钾法

一、实验目的

(1)了解化学需氧量的含义。

(2)掌握氧化—还原滴定法(重铬酸钾作氧化剂)测定水样中有机物的原理和方法。

二、实验原理

在水样中加入一定量的 $K_2Cr_2O_7$,在一定条件(强酸性、加热回流 2h、Ag_2SO_4 作催化剂)与水中的有机物相互作用,剩余的 $K_2Cr_2O_7$ 用硫酸亚铁铵 $Fe(NH_4)_2(SO_4)_2$ 滴定。指示剂:试亚铁灵;终点现象:溶液颜色由黄经绿、灰兰到最后的棕红色。

三、实验设备与试剂

(1)25mL 锥形瓶。

(2)25mL 酸式滴定管。

(3)10mL 专用 COD 消化管。

(4)COD 测定专用加热仪。

(5)消化液:10.216g $K_2Cr_2O_7$,17.0g $HgSO_4$,和 250mL 浓硫酸,加去离子水至 1 000mL。注意先用 500mL 去离子水将固体溶解,再加入浓硫酸,最后加水至刻线。

(6)催化液：10.7g Ag_2SO_4加至1L浓硫酸中。

(7)硫酸亚铁氨溶液(约0.035N)：13.72g $Fe(NH_4)_2(SO_4)_2 \cdot 6H_2O$，加入20mL浓硫酸，最后加去离子水至1L。

(8)指示剂：1.485g邻菲罗啉，0.695g $FeSO_4 \cdot 7H_20$，加去离子水至100mL。

四、实验步骤

(1)取水样2.5mL(同时做去离子水空白)至消化管(COD≥900mg/L时水样需稀释，例如，0.5mL水样加2mL去离子水)。

(2)加入消化液1.5mL，再加入催化液3.5mL(沿管壁慢慢加入)。

(3)消化管用生料带封口，加盖盖紧，摇混一次，放入已升温至150℃的加热器中2h。

(4)待消化管冷却至室温，将消化管中溶液倒入25mL锥形瓶中，用去离子水洗消化管3～4次，将洗出液也倒入锥形瓶中。

(5)加指示剂1～2滴，用硫酸亚铁铵溶液滴定由绿——蓝——灰——褐红色。

(6)硫酸亚铁氨溶液标定：另取5mL去离子水，加浓硫酸3mL，加0.05 M $K_2Cr_2O_7$溶液5.00mL，加指示剂1～2滴，用硫酸亚铁铵溶液滴定至颜色由绿—蓝—灰—褐红色。

五、数据分析

硫酸亚铁胺溶液浓度计算及COD计算如下所示：

硫酸亚铁铵溶液浓度：$N=\dfrac{5\times 0.05}{C}$； $\mathrm{COD}=\dfrac{(B-A)\cdot N\times 8\,000}{V}$ (5-15)

式中：A——水样滴定用去的硫酸亚铁铵的量(mL)；

B——空白滴定用去的硫酸亚铁铵的量(mL)；

C——标定硫酸亚铁铵时用去的硫酸亚铁铵溶液的量(mL)；

V——所用水样的真实体积(mL)。

六、思考题

(1)根据重铬酸钾法和库伦滴定法测定COD的原理，分析两种方法的联系、区别和影响测定准确度的因素？

(2)高锰酸盐指数和COD在应用上有何区别？两者在数量上有何关系？为什么？

方法二:微回流比色法

一、实验目的

掌握用微回流比色法测定溶液中的COD。

二、实验原理

用德国Lovibond专用试剂和仪器测定COD,方法简单,结果准确。但其试剂价格较为昂贵,监测机构不可能大量使用,为解决这一问题,我们对COD试剂配方进行了适当的改动。调整后的配方容易操作,测定结果符合监测要求。

三、实验设备与试剂

(1)HI99730分光光度计(水质流动实验室)。

(2)COD加热器。

(3)哈纳COD测定试管。

(4)硫酸银,化学纯。

(5)硫酸汞,化学纯。

(6)硫酸,分析纯,$\rho=1.84$g/mL。

(7)硫酸—硫酸银试剂:向500mL硫酸中加入5g硫酸银,放置1~2d使之溶解并摇匀。

(8)$c=0.012\ 25$g/mL重铬酸钾标准溶液:将6.125g在105℃干燥2h后的基准重铬酸钾溶解于蒸馏水中,稀释至500mL。

(9)COD测定管试剂配方(量程为0~700mg/L);取清洁的哈纳COD测定试剂管若干支,每支分别依次加入0.03g硫酸汞、3.00mL硫酸—硫酸银试剂、1.00mL铬酸钾标准溶液($c=0.012\ 25$g/mL),盖上试管。

四、实验步骤

1. *建立用户COD测定程序*

获取用户COD测定程序参数:取6支COD测定试管,分别加入2.00mL不同浓度的COD已知样,盖上试管帽,在COD加热器上,于150℃下加热2h,冷至室温后,在分光光度计上测定其吸光度。测定结果见表5-4。

表 5-4　不同 COD 浓度的吸光度

COD 浓度(mg/L)	0	25	50	75	125	250
600nm 处吸光度 E	0	0.009	0.020	0.030	0.051	0.105
校准曲线相关系数						

2. *样品测定*

取 2.00mL COD 样品加入到 1 支 COD 测定试管中，盖上试管帽，置于 COD 加热器上，于 150℃下加热 2h，冷至室温后，在光度计上读出样品的 COD 测定结果。

五、注意事项

几个监测机构的测定证明，该方法测定 COD 简便准确。例如，在重庆市环境监测中心使用该方法时，对两个密码样品进行了平行测定，其结果符合要求。

密码样品 (mg/L)　　$c_1=55\sim64$；$c_2=200\sim218$

测定区　(mg/L)　　$c_1=60,59$；$c_2=201,203$

由于实验室间的误差，建议用户各自建立自己的 COD 测定程序，以达到最佳的测定效果(可以通过加大和减小试剂用量来解决)。

方法三：微波消解法(滴定)

一、实验目的

掌握微波消解法(滴定)测定 COD 的方法。

二、实验原理

微波消解 COD 测定仪(以下简称仪器)，是迄今为止国内外最新型的专门用于监测各种工业废水、生活污水和地表水化学需氧量的仪器。它与回流法一样采用硫酸—重铬酸钾消解体系，但其微波加热方式与传统的电热板不同，不是通过由外至内的温度传递来加热样品；而是利用 2 450MHz 的微波作用于反应液内部，引起分子间产生高速摩擦作用所产生的热量来消解样品，其加热消解速率大大高于传统的电热方式。另外，还采用智能化的传感控制技术，自动完成 COD 样品的密封消解或非密封微回流消解过程，使繁琐的 COD 测定工作变得简单易行。

该法主要技术性能如下：

(1)测量范围。密封法:COD:10～800mg/L,COD>10～800mg/L(稀释测定);回流法:COD:10～1 600mg/L,COD>10～1 600mg/L(稀释测定)。

(2)消解时间。同时消解数个水样(3～9 个),耗时不超过 30min。

三、实验设备与试剂

(1)微波消解 COD 测定仪。

(2)Telflon 密封消解罐或非密封微回流玻璃消解瓶。

(3)5mL、10mL 和 15mL 移液管。

(4)250mL 锥形瓶。

(5)重铬酸钾消解液,0.250N(用于密封消解法):称取经过 120℃烘干 2h 的分析纯 $K_2Cr_2O_7$ 12.259g,溶于约 500mL 蒸馏水中,边搅拌边缓慢加入浓硫酸 100mL,冷却后移入 1 000mL 容量瓶中,加入 30g 固体硫酸汞(用于测定低氯离子或无氯离子水样时,可不加),并用蒸馏水稀释至刻度。

(6)试亚铁灵指示剂溶液:分别称取 1.485g 邻菲啰啉($C_{12}H_8N_2 \cdot H_2O$,1,10-phenanthroline)和 0.695g 硫酸亚铁($FeSO_4 \cdot 7H_2O$)溶于水中,稀释至 100mL,贮于棕色瓶内。

(7)硫酸亚铁铵标准溶液,约 0.05N:称取 21.0g 分析纯的硫酸亚铁铵溶于蒸馏水中,边搅拌边缓慢加入 20mL 浓硫酸,冷却后移入 1 000mL 容量瓶中,并稀释至刻度。该溶液必须在使用的当天用重铬酸钾标准液标定一次。标定:量取 5.00mL 重铬酸钾标准液,稀释至大约 45mL。加入 10mL 浓硫酸,冷却后加入 2 滴试亚铁灵指示剂,用硫酸亚铁铵滴定,溶液的颜色由黄色经蓝绿色至红褐色即为终点,计算如下:

$$c=(0.250\times5.000)/V \qquad (5-16)$$

式中:c——硫酸亚铁铵标准溶液的浓度(N);

V——硫酸亚铁铵标准液的滴定用量(mL)。

(8)硫酸银—硫酸催化剂:于 1 000mL 浓硫酸中加入 10g 硫酸银。放置 1～2d 使其完全溶解。

(9)硫酸汞:结晶或粉末。

(10)邻苯二甲酸氢钾标准溶液:称取邻苯二甲酸氢钾 0.340 1g 置于 1 000mL 容量瓶中,并用蒸馏水稀释至刻度。该溶液的 COD 理论值为 400mg/L。

四、实验步骤

本仪器采用智能化的集成控制系统,若使用密封消解罐来消解样品,请将"方法选择"拨至"0"处。本仪器一般可同时消解 3～9 个样品,根据炉腔内样品的数目，将“样品数目”拨至相对应的位置。再将时间选择（Time）旋钮拨至“15”（密封法）或“25”（微回流法，也可根据样品消解的难易程度，缩短或延长消解时间）处，仪器会自动地完成整个消解过程。

1. 密封消解法

用移液管吸取 10.00mL 水样（或少许，但必须用蒸馏水稀释至 10mL）加入消解罐中，分别加入 5.00mL 重铬酸钾消解液和 10mL$Ag_2SO_4-H_2SO_4$催化剂，旋紧密封盖，使消解罐密封良好，摇匀，将罐均匀放入炉腔内。其测定范围为：10～800mg/L（COD）。

注意：若氯离子浓度过高（>2 000mg/L）时，可视情况，稀释水样或多加适量的固体硫酸汞于消解罐或消解瓶中，保持 $HgSO_4$和 Cl^- 的重量比为 10∶1。如产生少量沉淀，对测定没有不利影响。

2. 滴定法测定 COD 结果

消解结束后的消解罐，由于内部反应液温度较高，应置冷水中冷却后，才能打开。当打开密封消解罐时，需将反应液转移到 200mL 锥形瓶中，用蒸馏水冲洗消解罐帽 2～3 次，冲洗液并入锥形瓶中，控制体积约为 60mL。最后，加入 2 滴试亚铁灵指示剂，用盛有硫酸亚铁铵的滴定管来滴定，溶液的颜色由黄色经蓝绿色至红褐色即为终点。

五、数据分析

COD 计算如下：

$$COD_{Cr}=\frac{[(V_0-V_1)\times c\times 8\times 1\ 000]}{V_2} \tag{5-17}$$

式中：V_0——空白消耗硫酸亚铁铵量（mL）；

V_1——水样消耗硫酸亚铁铵量（mL）；

V_2——水样体积（mL）（密封法 $V_2=10.00$mL）；

c——硫酸亚铁铵溶液的浓度（mol/L）；

8——氧（O/2）摩尔质量（g/mol）。

六、注意事项

（1）消解后，反应液中重铬酸钾剩余量应为加入量的 1/5～4/5 为宜。

（2）对于 COD 浓度小于 50mg/L 的水样，可改用 0.05N 重铬酸钾标准溶液。回滴时用 0.01N 硫酸亚铁铵标准溶液。

（3）每次吸取试剂盒水样前，应先将试剂和水样摇匀，以免影响测定结果。

（4）每次测定完毕后，若消解罐或玻璃消解瓶内无固态残留物，应尽量避免使用洗衣粉等有机洗涤剂来刷洗消解罐或玻璃消解瓶内壁，只需用水冲洗干净即可。因为残留的有机洗涤剂会影响到下次的测定结果。

第十节 水中生化需氧量的测定

一、实验目的

(1)熟悉生活污水或工业废水五日生化需氧量的测定。

(2)掌握 BOD_5 的计算方法。

二、实验原理

培养前测溶解氧，另一水样在 20±1℃的恒温箱内培养 5d 后再测溶解氧，两次溶解氧的差值即为 BOD_5。

三、实验设备与试剂

(1)恒温培养箱(20±1℃)。

(2)5～20L 细口玻璃瓶。

(3)曝气装置。

(4)虹吸管。

(5)1 000mL 量筒。

(6)玻璃搅拌棒。

(7)溶解氧瓶。

(8)磷酸盐缓冲溶液：称取 8.5g KH_2PO_4，21.75g K_2HPO_4，33.4g $Na_2HPO_4 \cdot 7H_2O$ 及 1.7g NH_4Cl 溶于 1 000mL 去离子水中，此溶液的 pH 值为 7.2，不用再调整。

(9)硫酸镁溶液：称取 22.5g $MgSO_4 \cdot 7H_2O$ 溶于去离子水中，稀释至 1 000mL。

(10)氯化钙溶液：称取 27.5g 无水 $CaCl_2$ 溶于去离子水中，稀释至 1 000mL。

(11)氯化铁溶液：称取 0.25g $FeCl_3 \cdot 6H_2O$ 溶于去离子水中，稀释至 1 000mL。

(12)葡萄糖—谷氨酸标准溶液：将葡萄糖和谷氨酸在 105℃烘 1h 后，各称取 150mg 溶于去离子水中，移入 1 000mL 容量瓶中并稀释至标线。

(13)测定溶解氧的全套试剂。

(14)稀释水:多数污水进行 BOD_5 测定时要进行稀释培养,必须使用稀释水进行培养。稀释水的制备如下:在 20L 细口玻璃瓶中装入一定量的去离子水,用真空泵或无油空气压缩机曝气 2~8h 以上。取稀释水测定其中的溶解氧的含量,达到 8~9mg/L 时停止曝气。在 20℃温度下放置一段时间,以便使溶解氧在水中含量成为稳定状态。使用前在每升稀释水中加入磷酸盐缓冲溶液、$MgSO_4$ 溶液、$CaCl_2$ 溶液、$FeCl_3$ 溶液各 1mL。用玻璃搅拌棒混合均匀后,用溶解氧瓶分别取满两瓶稀释水供测定和培养用。

(15)接种液:可用生活污水于 20℃放置 24~36h 后的上清液为接种液。对某些特殊工业废水最好用专门驯化过的菌种为接种液,这种驯化的微生物种群最好从接受该种菌种的废水的水体中取得。

(16)接种稀释水:当测定难降解有机物 BOD_5 时需要用接种稀释水进行稀释。在每升稀释水中加入 1~3mL 接种液搅拌均匀。用溶解氧瓶装满两瓶接种稀释水供测定和培养用。

四、实验步骤

1. 水样预处理

在测定前水样若 pH 值过高或过低、含有少量游离氯、含过饱和溶解氧及有毒物质等均需预处理后再进行测定。

2. 不经稀释水样的测定

溶解氧含量高、有机物含量较少的地面水,可以不经稀释,直接用虹吸管将混合均匀的水样虹吸入两个溶解氧瓶中(在虹吸过程中不能损失或带入溶解氧),水样注满溶解氧瓶并溢出少许,加塞。其中一瓶立刻测定溶解氧,另一瓶加满水封后,放入培养箱,在 20±1℃培养 5d,培养过程中注意添加水封,从开始放入培养箱算起,经过五昼夜后,取出水样测定剩余的溶解氧。

3. 经稀释水样的测定

(1)确定稀释比:稀释比的确定在 BOD_5 测定中是十分重要的因素,如果稀释比选择不适,不在合适的范围内,培养 5d 后水样中剩余的溶解氧太多或太少都不能得到可靠的结果。最佳稀释比应该是培养 5d 后的溶解氧减少量在 40%~70%的稀释水样与原水样之比。因此,一般要求稀释水样培养 5d 后的溶解氧至少还有 1mg/L,而培养期间溶解氧损失至少应该在 2mg/L 以上。对于普通的污水和废水,先测出高锰酸盐指数,然后按这数值的 2~4 倍估计水样的 BOD_5 值的可能范围,根据表 5-5 的数值查得适宜的稀释比,以这个稀释比为中心,选取 3~4 个稀释比对水样进行稀释。

表 5-5　BOD_5试验稀释比

BOD_5范围(mg/L)	稀释比(%)	BOD_5范围(mg/L)	稀释比(%)
20 000～70 000	0.01	100～350	2.0
10 000～35 000	0.02	40～140	5.0
4 000～14 000	0.05	20～70	10
2 000～7 000	0.1	10～35	20
1 000～3 500	0.2	4～14	50
400～1 400	0.5	0～7	100

如果缺乏上面估计方法的条件,根据经验:浓的工业废水用 0.01%～1.0%,未经处理或已沉淀的城市污水用 1%～5%,经生化处理后的出水用 5%～25%,污染的河水用 25%～100%。

(2)水样的稀释:水样稀释可采用直接稀释法或量筒稀释法。

1)直接稀释法:就是在溶解氧瓶中直接稀释。首先要知道溶解氧瓶的容积。将瓶灌满水后,盖塞,倒去水封,用量筒测定每一个瓶中水的体积,贴上标签。每一个溶解氧瓶的塞子和瓶配套使用,不得弄错。用虹吸管先装入 1/3 稀释水(或接种稀释水),然后加入根据瓶的容积和稀释比计算出的水样量,再用稀释水(或接种稀释水)将瓶刚好装满,不留气泡,盖塞后又不溢出液体,然后加满水封。同一稀释比配制两瓶。用同样的方法将 3～4 个稀释比的稀释水样配制好,盖塞,加满水封。

2)量筒稀释法:用虹吸法沿量筒壁先加入 1/3 稀释水(或接种稀释水)在量筒中,然后按选定的稀释比,加入所需的一定量混合均匀的水样,再用稀释水(或接种稀释水)加至 1 000mL 刻度,小心搅拌均匀,用虹吸法将液体分装在两个溶解氧瓶中。用同样方法配制 3～4 个不同稀释比的稀释水样,盖塞,加满水封。稀释水样配制好后每一稀释比的两瓶稀释水样,留下一瓶立刻测定其当天的溶解氧,另一瓶放入培养箱,在 20±1℃下培养 5d。培养过程中要经常观察温度,加满水封,5d 后取出测定溶解氧(前面取好的两瓶稀释水也进行如此操作)。

4. 葡萄糖—谷氨酸标准溶液的测定

为检验稀释水和接种液的性质及测定人员的操作技术,可配制稀释比为 2% 的葡萄糖—谷氨酸标准溶液的稀释水样。按经稀释水样的测定步骤进行(用接种稀释水进行稀释)。测得 BOD_5 值应在 180～230mg/L 之间,否则,应检查稀释水、接种液的质量或操作技术是否存在问题。

五、数据分析

BOD_5 计算如下：

$$BOD_5=\frac{(c_1-c_2)-(B_1-B_2)f}{P} \tag{5-18}$$

式中：c_1——稀释试样培养前的溶解氧(mg/L)；

c_2——稀释试样培养 5d 后的溶解氧(mg/L)；

B_1——稀释水(或接种稀释水)培养前的溶解氧(mg/L)；

B_2——稀释水(或接种稀释水)培养 5d 后的溶解氧(mg/L)；

f——稀释水用量在稀释试样中所占的百分数，以小数表示；

P——水样用量在稀释试样中所占的百分数，以小数表示。

六、思考题

如何判断测定结果的可靠性？

第十一节　水中氨氮的测定

一、实验目的

(1)掌握用滴定法测定氨氮的原理和技术及其他测定氨氮方法的原理。

(2)明确氨氮测定及其他含氮化合物测定的环境意义。

二、实验原理

滴定法仅适用于已进行蒸馏预处理的水样。调节水样至 pH 在 6.0～7.4，加入氧化镁使呈微碱性。加热蒸馏，释出的氨被吸收入硼酸溶液中，以甲基红-亚甲蓝为指示剂，用酸标准溶液滴定馏出液中的氨。

三、实验设备与试剂

(1)无氨水：每升蒸馏水中加 0.1mL 硫酸，在全玻璃蒸馏器中重蒸馏，弃去 50mL 初馏液，接取其余馏出液于具塞磨口的玻璃瓶中，密封保存。无氨水也可以通过离子交换法制得(使蒸馏水通过强酸性阳离子交换树脂柱即可)。水样稀释及试剂配制均用无氨水。

(2)1mol/L 盐酸溶液。

(3)1mol/L 氢氧化钠溶液。

(4)轻质氧化镁：将氧化镁在500℃下加热，以除去碳酸盐。

(5)0.05%溴百里酚蓝指示液(pH6.0～7.6)。

(6)防沫剂：如石蜡碎片。

(7)吸收液：①硼酸溶液：称取20g硼酸溶于水，稀释至1L；②硫酸溶液：0.01mol/L。

(8)混合指示剂：称取200mg甲基红溶于100mL 95%乙醇溶液中，另取100mg亚甲蓝溶于50mL 95%乙醇溶液中。取两份甲基红溶液与1份亚甲蓝溶液组成混合指示剂，此混合指示剂一月配制一次。

(9)硫酸标准溶液 $H_2SO_4/2=0.020$mol/L：取1+9H_2SO_4溶液5.6mL于1 000mL容量瓶中，稀释至标线，混匀。准确浓度按下述步骤进行标定：称取约0.5g(称准至0.000 1g)无水Na_2CO_3基准试剂(使用前在180℃烘干2h)，溶于新煮沸并冷却的水中，转移至500mL容量瓶中，稀释至标线。移取25.00mL Na_2CO_3溶液于150mL锥形瓶中，加25mL水，加1滴0.05%甲基红指示剂，用H_2SO_4溶液滴定至淡桔红色为止。记录用量，平行滴定三次，用下式计算H_2SO_4溶液的浓度：

$$c(H_2SO_4/2)=\frac{W\times 1\,000}{V\times 52.995}\times\frac{25.00}{500} \quad (5-19)$$

式中：W——碳酸钠的重量(g)；

V——硫酸溶液的体积(mL)。

四、实验步骤

(1)蒸馏装置预处理：加250mL水样于凯氏烧瓶中，加0.25g轻质氧化镁和数粒玻璃珠，加热蒸馏至馏出液不含氨为止，弃去瓶内残液。

(2)分取250mL水样(如氨氮含量较高，可分取适量水样并加水至250mL，使氨氮含量不超过2.5mg)，移入凯氏烧瓶中，加数滴溴百里酚蓝指示液，用氢氧化钠溶液或盐酸溶液调节pH值至7左右。加入0.25g轻质氧化镁和数粒玻璃珠，立即连接氮球和冷凝管，导管下端插入吸收液液面下。加热蒸馏，至馏出液达200mL时，停止蒸馏，定容至250mL。采用酸滴定法或纳氏试剂比色法时，以50mL硼酸溶液为吸收液；采用水杨酸—次氯酸盐比色法时，改用50mL 0.01mol/L硫酸溶液为吸收液。

(3)水样的测定：蒸馏预处理时以H_3BO_3溶液为吸收液的全部蒸馏液中加入2滴混合指示剂。用已标定过的H_2SO_4标准溶液滴定至绿色转变成淡紫色为止，记录用量。

(4)空白试验：取经蒸馏预处理过的空白试样，用H_3BO_3溶液为吸收液的全部蒸馏液，同水样测定步骤相同进行滴定。

五、数据分析

氨氮含量计算如下：

$$氨氮=\frac{(V_1-V_0)\times c\times 14}{V}\times 1\,000 \tag{5-20}$$

式中：V_1——滴定水样时消耗硫酸溶液的体积(mL)；

V_0——滴定空白试验消耗硫酸溶液的体积(mL)；

c——硫酸溶液浓度(mol/L)；

V——水样体积(mL)；

14——氨氮摩尔质量。

六、注意事项

(1)蒸馏时应避免发生暴沸，否则造成溜出液温度升高，氨吸收不完全。

(2)防止在蒸馏时产生泡沫，必要时可加几滴液状石腊油于凯氏烧瓶中。

(3)所用玻璃器皿应避免氨的污染。

七、思考题

(1)简述氨氮测定的环境意义。

(2)简述滴定法测定氨氮的适用范围和测定中的注意事项。

第十二节　水中总氮的测定

一、实验目的

掌握紫外分光光度法测定总氮的操作技术和原理。

二、实验原理

在 60℃以上水溶液中，过硫酸钾可分解产生硫酸氢钾和原子态氧，硫酸氢钾在溶液中离解而产生氢离子，故在氢氧化钠的碱性介质中可促使过硫酸钾分解过程趋于完全。

分解出的原子态氧在 120～124℃条件下，可使水样中含氯化合物的氮元素转化为硝酸盐。并且在此过程中有机物被氧化分解。可用紫外分光光度法于波长

220nm 和 275nm 处，分别测出吸光度 A_{220} 及 A_{275}，按下式求出校正吸光度 A：

$$A = A_{220} - 2A_{275} \tag{5-21}$$

按 A 的值查校准曲线并计算总氮(以 $NO_3^- - N$ 计)含量。

三、实验设备与试剂

(1)常用实验室仪器。

(2)紫外分光光度计及 10nm 石英比色皿。

(3)医用手提式蒸气灭菌器或家用压力锅(压力为 1.1～1.4kg/cm²)，锅内温度相当于 120～124℃。

(4)具玻璃磨口塞比色管，25mL。

所用玻璃器皿可以用(1+9)盐酸或(1+35)硫酸浸泡，清洗后再用无氨水冲洗数次。

除(2.1)另有说明外，分析时均使用符合国家标准或专业标准的分析纯试剂。

(5)水，无氨。按下述方法之一制备：①离子交换法：将蒸馏水通过一个强酸型阳离子交换树脂(氢型)柱，流出液收集在带有密封玻璃盖的玻璃瓶中。②蒸馏法：在 1 000mL 蒸馏水中，加入 0.10mL 硫酸(ρ=1.84g/mL)。并在全玻璃蒸馏器中重蒸馏，弃去前 50mL 馏出液，然后将馏出液收集在带有玻璃塞的玻璃瓶中。

(6)氢氧化钠溶液，200g/L：称取 20g 氢氧化钠(NaOH)，溶于无氨水中，稀释至 100mL。

(7)氢氧化钠溶液，20g/L：将溶液(6)稀释 10 倍而得。

(8)碱性过硫酸钾溶液：称取 40g 过硫酸钾($K_2S_2O_8$)，另称取 15g 氢氧化钠(NaOH)，溶于无氨水中，稀释至 1 000mL，溶液存放在聚乙烯瓶内，最长可贮存一周。

(9)(1+9)盐酸溶液。

(10)硝酸钾标准贮备液，c(N)=100mg/L：硝酸钾(KNO_3)在 105～110℃烘箱中干燥 3h，在干燥器中冷却后，称取 0.721 8g，溶于无氨水中，移至 1 000mL 容量瓶中，用无氨水稀释至标线，在 0～10℃暗处保存，或加入 1～2mL 三氯甲烷保存，可稳定 6 个月。

(11)硝酸钾标准使用液，c(N)=10mg/L：将贮备液用无氨水稀释 10 倍而得。使用时配制。

(12)(1+35)硫酸溶液。

(13)样品。

四、实验步骤

1. 采样

水样采集后立即放入冰箱中或低于4℃的条件下保存，但不得超过24h。

水样放置时间较长时，可在1 000mL水样中加入约0.5mL硫酸(ρ=1.84g/mL)，酸化到pH小于2，并尽快测定。

样品可贮存在玻璃瓶中。

2. 试样的制备

取实验室样品用氢氧化钠溶液[试剂(7)]或硫酸溶液[试剂(12)]调节pH值至5～9制得试样。

3. 测定

(1)用无分度吸管取10.00mL试样 c(N)超过100mg/L时，可减少取样量并加无氨水稀释至10mL置于比色管中。

(2)试样不含悬浮物时，按下述步骤进行。

1)加入5mL碱性过硫酸钾溶液，塞紧磨口塞用布及绳等方法扎紧瓶塞，以防弹出。

2)将比色管置于医用手提蒸气灭菌器中，加热，使压力表指针到1.1～1.4kg/cm^2，温度达120～124℃后开始计时。或将比色管置于家用压力锅中，加热至顶压阀吹气时开始计时。保持此温度加热半小时。

3)冷却、开阀放气，移去外盖，取出比色管并冷至室温。

4)加(1+9)盐酸1mL，用无氨水稀释至25mL标线，混匀。

5)移取部分溶液至10nm石英比色皿中，在紫外分光光度计上，以无氨水作参比，分别在波长为220nm与275nm处测定吸光度，并计算出校正吸光度A。

(3)试样含悬浮物时，先按步骤(2)进行，然后待澄清后移取上清液到石英比色皿中。再按上述步骤(2)中第5)步继续进行测定。

4. 空白试验

空白试验除以10mL无氨水代替试料外，采用与测定完全相同的试剂、用量和分析步骤进行平行操作。

注：当测定在接近检测限时，必须控制空白试验的吸光度 Ab 不超过0.03，超过此值，要检查所用水、试剂、器皿和家用压力锅或医用手提灭菌器的压力。

5. 校准

(1)校准系列的制备：

1)用分度吸管向一组(10支)比色管中，分别加入硝酸盐氮标准使用溶液0.00mL，0.10mL，0.30mL，0.50mL，0.70mL，1.00mL，3.00mL，5.00mL，

7.00mL，10.00mL。加无氨水稀释至 10.00mL。

2)按步骤 3 中第(2)步进行测定。

(2)校准曲线的绘制：零浓度(空白)溶液和其他硝酸钾标准使用溶液制得的校准系列完成全部分析步骤，于波长 220nm 和 275nm 处测定吸光度后，分别按下式求出除零浓度外其他校准系列的校正吸光度 As 和零浓度的校正吸光度 Ab 及其差值 Ar：

$$\begin{aligned} As &= As_{220} - 2As_{275} \\ Ab &= Ab_{220} - 2Ab_{275} \\ Ar &= As - Ab \end{aligned} \tag{5-22}$$

式中：As_{220}——标准溶液在 220nm 波长的吸光度；

As_{275}——标准溶液在 275nm 波长的吸光度；

Ab_{220}——零浓度(空白)溶液在 220nm 波长的吸光度；

Ab_{275}——零浓度(空白)溶液在 275nm 波长的吸光度。

按 Ar 值与相应的 NO_3^- - N 含量(微克)绘制校准曲线。

五、数据分析

按式(6-21)计算得试样校正吸光度 Ar，在校准曲线上查出相应的总氮微克数，总氮含量(mg/L)按下式计算：

$$C_N = \frac{m}{V} \tag{5-23}$$

式中：m——试样测出含氮量(μg)；

V——测定用试样体积(mL)。

六、思考题

(1)简述总氮测定的环境意义。

(2)简述紫外分光光度法测定总氮的适用范围和注意事项。

第十三节　水中总磷的测定

一、实验目的

掌握钼酸铵分光光度法测定总磷的原理和操作。

二、实验原理

在中性条件下用过硫酸钾(或硝酸-高氯酸)使试样消解,将所含磷全部氧化为正磷酸盐。在酸性介质中,正磷酸盐与钼酸铵反应,在锑盐存在下生成磷钼杂多酸后,立即被抗坏血酸还原,生成蓝色的络合物。

三、实验设备与试剂

(1)实验室常用仪器设备。

(2)医用手提式蒸气消毒器或一般压力锅(1.1～1.4kg/cm^2)。

(3)50mL具塞(磨口)刻度管。

(4)分光光度计。

(5)硫酸(H_2SO_4),密度为1.84g/mL。

(6)硝酸(HNO_3),密度为1.4g/mL。

(7)高氯酸($HClO_4$),优级纯,密度为1.68g/mL。

(8)(1+1)硫酸(H_2SO_4)。

(9)硫酸,$c(H_2SO_4/2)$约为1mol/L:将27mL硫酸(5)加入到973mL水中。

(10)氢氧化钠(NaOH)溶液,1mol/L:将40g氢氧化钠溶于水并稀释至1 000mL。

(11)氢氧化钠(NaOH)溶液,6mol/L:将240g氢氧化钠溶于水并稀释至1 000mL。

(12)过硫酸钾溶液,50g/L:将5g过硫酸钾($K_2S_2O_8$)溶解于水,并稀释至100mL。

(13)抗坏血酸溶液,100g/L:溶解10g抗坏血酸($C_6H_8O_6$)于水中,并稀释至100mL。此溶液贮于棕色的试剂瓶中,在冷处可稳定几周。如不变色可长时间使用。

(14)钼酸盐溶液:溶解13g钼酸铵于100mL水中。溶解0.35g酒石酸锑钾于100mL水中。在不断搅拌下把钼酸铵溶液徐徐加到300mL硫酸[试剂(8)]中,加酒石酸锑钾溶液并且混合均匀。此溶液贮存于棕色试剂瓶中,在冷处可保存二个月。

(15)浊度——色度补偿液:混合两个体积硫酸[试剂(13)]和一个体积抗坏血酸溶液[试剂(13)]。使用当天配制。

(16)磷标准贮备溶液:称取(0.219 7±0.001)g磷酸二氢钾(KH_2PO_4)于110℃干燥2h,在干燥器中冷却,用水溶解后转移至1 000mL容量瓶中,加入大约800mL水、5mL硫酸[试剂(8)]用水稀释至标线并混匀。1.00mL此标准溶液含

50.0μg 磷。本溶液在玻璃瓶中可贮存至少六个月。

(17)磷标准使用溶液：将 10.0mL 的磷标准贮备溶液[试剂(16)]转移至 250mL 容量瓶中，用水稀释至标线并混匀。1.00mL 此标准溶液含 2.0μg 磷。使用当天配制。

(18)酚酞溶液，10g/L：0.5g 酚酞溶于 50mL 95％乙醇中。

注：所有玻璃器皿均应用稀盐酸或稀硝酸浸泡。本标准所用试剂除另有说明外，均应使用符合国家标准或专业标准的分析试剂和蒸馏水或同等纯度的水。

四、实验步骤

1. 采样

采取 500mL 水样后加入 1mL 硫酸[试剂(5)]调节样品的 pH 值，使之低于或等于 1，或不加任何试剂于冷处保存。

注：含磷量较少的水样，不要用塑料瓶采样，因易磷酸盐吸附在塑料瓶壁上。

2. 试样的制备

取 25mL 采集的样品于具塞刻度管中。取时应仔细摇匀，以得到溶解部分和悬浮部分均具有代表性的试样。如样品中含磷浓度较高，试样体积可以减少。

3. 测定

(1)消解。

1)过硫酸钾消解：向试样中加 4mL 过硫酸钾[试剂(12)]，将具塞刻度管的盖塞紧后，用一小块布和线将玻璃塞扎紧(或用其他方法固定)，放在大烧杯中置于高压蒸气消毒器中加热，待压力达 1.1kg/cm^2，相应温度为 120℃时，保持 30min 后停止加热。待压力表读数降至零后，取出刻度管冷却。然后用水稀释溶液至标线。

注：如用硫酸保存水样，当用过硫酸钾消解时，需先将试样调至中性。

2)硝酸-高氯酸消解：取 25mL 试样于锥形瓶中，加数粒玻璃珠，加 2mL 硝酸[试剂(6)]在电热板上加热浓缩至 10mL。冷却后加 5mL 硝酸[试剂(6)]，再加热浓缩至 10mL，冷却。加 3mL 高氯酸[试剂(7)]，加热至高氯酸冒白烟，此时可在锥形瓶上加小漏斗或调节电热板温度，使消解液在锥形瓶内壁保持回流状态，直至剩下 3～4mL，冷却。加水 10mL，加 1 滴酚酞指示剂[试剂(8)]。滴加氢氧化钠溶液[试剂(10)或(11)至溶液刚呈微红色，再滴加硫酸溶液[试剂(9)]使微红刚好褪去，充分混匀。移至具塞刻度管中，用水稀释至标线。

注：①用硝酸一高氯酸消解需要在通风橱中进行。高氯酸和有机物的混合物经加热易发生危险，需将试样先用硝酸消解，然后再加入硝酸—高氯酸进行消解。②绝不可把消解的试样蒸干。③如消解后有残渣时，用滤纸过滤于具塞刻度管中，并用水充分清洗锥形瓶及滤纸，一并移到具塞刻度管中。④水样中的有机物用过

硫酸钾氧化不能完全破坏时，可用此法消解。

(2)发色。分别向各份消解液中加入 1mL 抗坏血酸溶液[试剂(13)]混匀，30s 后加 2mL 钼酸盐溶液[试剂(14)]充分混匀。

注：①如试样中含有浊度或色度时，需配制一个空白试样(消解后用水稀释至标线)然后向试样中加入 3mL 浊度——色度补偿液[试剂(15)]，但不加抗坏血酸溶液和钼酸盐溶液。然后从试样的吸光度中扣除空白试样的吸光度。②砷大于 2mg/L 时会干扰测定，用硫代硫酸钠去除。硫化物大于 2mg/L 时会干扰测定，通氮气去除。铬大于 50mg/L 时会干扰测定，用亚硫酸钠去除。

4. 空白试样

按步骤 3 的规定进行空白试验，用水代替试样，并加入与测定时相同体积的试剂。

5. 工作曲线的绘制

取 7 支具塞刻度管分别加入 0.00mL，0.50mL，1.00mL，3.00mL，5.00mL，10.0mL，15.0mL 磷标准使用溶液[试剂(17)]。加水至 25mL。然后按测定步骤 3 进行处理。以水做参比，测定吸光度。扣除空白试验的吸光度后，和对应的磷的含量绘制工作曲线。

6. 试样分光光度测量

将试样室温下放置 15min 后，使用光程为 30mm 比色皿，在 700nm 波长下，以水做参比，测定吸光度。扣除空白试验的吸光度后，从工作曲线上查得磷的含量。

注：如显色时室温低于 13℃，可在 20～30℃水浴上显色 15min 即可。

五、数据分析

总磷含量以 c(mg/L)表示，按下式计算：

$$c=\frac{m}{V} \tag{5-24}$$

式中：m——试样测得含磷量(μg)；

V——测定用试样体积(mL)。

六、思考题

(1)简述总磷测定的环境意义。

(2)简述钼酸铵分光光度法测定总磷的适用范围和注意事项。

第三篇　空气污染控制工程实验

空气污染是指由于人类活动或自然过程使得某些物质进入大气中，呈现出足够的浓度，达到了足够的时间，并因此而危害了人体的舒适、健康和人们的福利，甚至危害了生态环境。空气污染从空间上划分可以分为室外污染和室内污染，从污染物状态上划分可以分为颗粒污染物和气态污染物。

在经历了工业革命带来的“煤烟型”、“光化学烟雾型”污染后，现代人正进入以“室内空气污染”为标志的第三污染时期。作为环境工作者需要熟悉常见污染物的采集方法，主要污染物的处理方法。

第六章　颗粒污染物的检测及处理实验

第一节　粉尘粒径分布测量实验

一、实验目的

(1)掌握与图像法粒度测量有关的粒径、粒径分布、特征粒径等概念。

(2)了解颗粒图像处理仪的结构和工作原理。

(3)熟练掌握制样、分析过程，学会颗粒图像处理仪的使用方法。

二、实验原理

样品颗粒的显微镜图像经过一组镜片最终成像在摄像机的光靶上，光学图像通过摄像机转换成数字图像信号经 USB 接口输入计算机，应用专门的软件对其进行处理，生成颗粒图像和用户报告(包括粒径分布图、粒径分布曲线、特征粒径统计等)。

三、实验设备与试剂

(1)PIP8.0 型颗粒图像处理仪。

(2)载玻片、盖玻片。

(3)牙签若干。

(4)高岭土或矿山土样。

(5)甘油适量。

(6)滴管一支。

(7)镜头纸若干。

四、实验步骤

(1)启动显微镜和计算机,并建立连接。启动显微镜和计算机后,在 windows 的桌面上,双击应用软件的图标,建立显微镜和计算机的连接。

(2)制备样品。取一个干净的载玻片,在中间滴加一滴甘油,用牙签挑取少许高岭土或矿山土样放进甘油中,用牙签搅拌至样品分散均匀,小心盖上盖玻片,备用。注意制备好的样品中不要有气泡存在。

(3)调焦。把制好的载玻片放在载物台上,选择适当物镜,调节显微镜背景光和调焦旋钮,直至出现清晰的样品图像。

(4)测试样品。新建测试文件,选择与步骤(3)中相同的物镜倍数。调节载物台 X 方向旋钮,将显微镜视野移到载玻片上无样品区域,测量背景(若背景值过高或者过低,调节显微镜背景光亮度)。将视野移回样品静桢拍照,除去修改不合适样点。

(5)数据分析。点击菜单中“分析”,得到分析报告,根据需要自定义选择数据进行存档或打印。

五、数据分析

将所得数据填入表 6-1 中。

表 6-1　粉尘粒径分布测量实验结果

粒径	微分分布	累计分布	粒径	微分分布	累计分布	粒径	微分分布	累计分布

注:中位粒径 D_{50}=______　颗粒数平均粒径 D_S=______　体积平均粒径 D_V=______

六、思考题

(1)粒径分布在除尘技术中多用质量分布表示，而软件中使用体积分布和个数分布表示，它们之间有什么差别和关联？

(2)如果样品颗粒分布较广，为了得到较为准确的数据，应当如何处理？

第二节　大气污染物 TSP 采样实验

一、实验目的

TSP(总悬浮颗粒物)一般是指空气中动力学直径小于 100μm 的颗粒物，呈粒子状态悬浮在空气中，是我国环境空气中的主要污染物之一。因此，其浓度的监测是环境监测中一项很重要的任务。

(1)掌握大气风向、风速、温度、压力的测试方法及其测试仪器的使用。

(2)了解粉尘采样器的结构及其工作原理，熟练掌握粉尘采样器的使用。

(3)分析了解大气气象参数对尘源浓度分布的影响。

二、实验原理

应用具有一定切割特性的采样头，以恒定速度抽取一定体积的空气，空气中的总悬浮颗粒物被截留在已称量好的恒重的清洁滤膜上。记录采样时间，并同时测量采样时的风速、温度和压力，计算出空气流量。对采样后的滤膜在与采样前相同的条件下进行称量。采样前后滤膜的质量差除以采样体积，即可得到空气中总悬浮颗粒物的质量浓度(mg/m^3)。

本方法适用于大流量或中流量总悬浮颗粒物采样器，检测限为 $0.001mg/m^3$。在雨天及雾天不要用此方法进行总悬浮颗粒物的测定。

三、实验设备与试剂

(1)已校准的中流量 TSP 采样器。

(2)三杯风速风向表。

(3)数字风表。

(4)空盒气压表。

(5)温度计。

(6)分析天平(0.1mg～100g)。

(7)恒温恒湿箱。

(8)玻璃纤维滤膜若干。

(9)镊子。

(10)滤膜袋若干。

四、实验步骤

(1)称量滤膜。将滤膜透光检查，确定滤膜无针孔或其他缺陷。将滤膜放入恒温恒湿箱中平衡24h。平衡温度取15～30℃，记录下平衡温度与湿度。在相同的温湿度条件下，称量已经平衡24h的滤膜。滤膜质量精确到0.1mg。称量好的滤膜放入已经写好编号的滤膜袋内。滤膜不可以折叠或弯曲。

(2)观察测试现场，布置测点。

(3)安放滤膜。打开采样头顶盖，取出滤膜夹。用清洁干布擦拭采样头内部及滤膜夹。将已编号并称量过的滤膜用镊子从滤膜袋内取出，绒面朝上放在滤膜支撑网上，按紧加固圈和密封圈后，拧紧采样头，使它不漏气。

(4)采样。安放好滤膜后，按采样器使用说明书，设定采样流量及时间，开始采样。

(5)采样的同时记录大气气象参数，如风速、风向、气压、温度等，记录数据。

(6)采样完成。关闭采样器电源。轻轻拧开采样头，用镊子轻轻取出滤膜，采样面向内，将滤膜对折后放入对应的滤膜袋内。取滤膜时，若发现滤膜有破损或者滤膜上尘的边缘轮廓不清晰，滤膜安装歪斜，则此次采样作废，需重新进行采样。

(7)尘膜的称量。将采集好的尘膜带回实验室后，将其放在恒温恒湿箱内，在与清洁滤膜平衡条件相同的情况下，平衡24h后，称量尘膜的重量。尘膜质量精确到0.1mg。

(8)计算TSP浓度。

$$\text{总悬浮颗粒物含量} = \frac{K \times (m_1 - m_0)}{Q_N \times t}$$

式中：K——常数，中流量采样器$K=1\times10^9$；

t——采样时间(min)；

m_1——尘膜质量(g)；

m_0——清洁滤膜质量(g)；

Q_N——采样器平均抽气流量(L/min)。

五、数据分析

将所得数据填入表6-2中。

表 6-2　大气污染物 TSP 采样实验结果

实验编号			
风向			
风速(m/s)			
采样流量(L/min)			
采样时间(min)			
清洁滤膜质量(g)			
尘膜质量(g)			
样品重量(g)			
TSP 浓度(mg/m^3)			

注:采样时的 t(温度)=______℃　　P(大气压)=______ atm

六、思考题

(1)分析影响 TSP 浓度测试精度的因素。

(2)安装滤膜时,为什么一定要绒面朝上?

第三节　旋风除尘器性能实验

一、实验目的

(1)掌握除尘器性能测定的基本方法。

(2)了解除尘器运行工况对其效率和阻力的影响。

(3)了解烟尘采样器的工作原理和使用方法。

二、实验原理

(1)风量测定。风量测定采用皮托管测量,其原理是利用皮托管和微压计测出风管断面的流速,从而确定风量。

$$Q=S\cdot\bar{u}=0.82S\cdot u$$

式中：Q——旋风除尘器风管流量（m^3/s）；

S——风管断面面积（m^2）；

u——风管内气体流速（皮托管测量结果）（m/s）。

说明：按标准测量应是测断面平均风速，本实验因不利于皮托管布置，因此用0.82u代替平均风速。

（2）除尘器阻力测定

$$\Delta p=\Delta p_0-p_1-p_2$$

式中：Δp——旋风除尘器压力损失（Pa）；

ΔP_0——旋风除尘器进出口空气的全压差（Pa），本实验装置3、4测点动压相等，ΔP_0即为3、4测点静压差（3点为进气管道上测定点、4点为出气管道上测定点）；

P_1——3、4测点内的沿程损失，本实验用4、5测点的静压差×1.3Pa来代替该值；

P_2——局部损失（Pa）。

（3）旋风除尘器效率测定。采用重量浓度法进行测定，即采用等速采样法同时测出除尘器进、出口管道气流的平均含尘浓度，进而计算除尘器效率。

$$\eta=\left(1-\frac{\rho_2 Q_2}{\rho_1 Q_1}\right)\times 100\%$$

式中：ρ_1——旋风除尘器进口管道中气流的含尘浓度（g/m^3）；

ρ_2——旋风除尘器出口管道中气流的含尘浓度（g/m^3）；

Q_1——旋风除尘器进口管道中气体流量（m^3/s）；

Q_2——旋风除尘器出口管道中气体流量（m^3/s）。

三、实验设备与试剂

（1）除尘器性能测定实验台（如图6-1所示）。

（2）testo 521型压力仪。

（3）天平（精度0.01g）。

（4）秒表。

（5）烟尘采样器。

（6）滤膜若干。

（7）温度计。

（8）空盒气压表。

（9）恒温恒湿箱。

（10）钢卷尺。

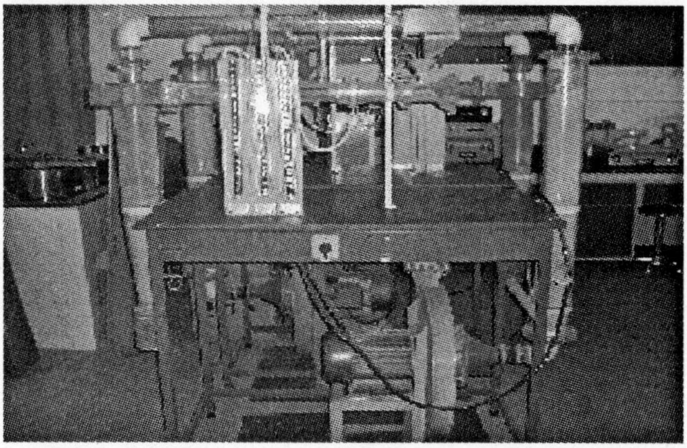

图 6-1　旋风除尘器性能测定实验台结构

(11)U 形管压差计。

四、实验步骤

(1)阅读“JT-2 型烟尘采样器”使用说明书,掌握该采样器的使用方法。对清洁滤膜进行预处理并进行称量,处理方法同“大气污染物 TSP 采样实验”。

(2)阅读 testo 512 型压力仪的使用说明书,了解风速及管道断面压力的测量方法。

(3)通过老师讲解及观察了解实验装置的结构、工作原理、各测点的位置及作用。

(4)用钢卷尺测量除尘器相关尺寸。同时测定室内温湿度及大气压力,并详细记录数据。

(5)将除尘器各断面的静压测孔与 U 形管压差计连接。

(6)接通电源,启动风机和发尘装置,调整好发尘量,使系统达到稳定。

(7)确定工况后,开始测量。测量顺序为:先测风速、再测除尘器压力损失,最后对除尘器进、出口粉尘进行采样。

(8)将烟尘采样器滤膜取出,采取同“大气污染物 TSP 采样实验”一样的处理方式,并进行称量。

(9)通过调整风机阀门来调节风量。待系统稳定后,重复进行步骤(7)的测量,依次作 6～10 个工作点,详细记录数据。

(10)关闭风机和发尘装置。

五、数据分析

将所得数据填入表 6-3 中。

表 6-3　旋风除尘器性能实验数据记录表

工况		1	2	3	4	5	6	7	8	9	10
测点1	清洁滤膜(g)										
	尘膜(g)										
	流量(m^3/s)										
测点2	清洁滤膜(g)										
	尘膜(g)										
	流量(m^3/s)										
测点 3 (mmH_2O)											
测点 4 (mmH_2O)											
测点 5 (mmH_2O)											
测点 6 (mmH_2O)											

六、思考题

(1)计算各工况点对应的除尘器压力损失(Pa)。

(2)计算除尘器进出口烟气浓度及其除尘效率。

(3)试分析实验数据产生误差的原因。

第四节　袋式除尘器性能实验

一、实验目的

(1)掌握袋式除尘器的结构及其工作原理。

(2)掌握除尘性能(处理效率、压力损失、处理风量)测定的基本方法。

(3)了解除尘器运行工况对其处理效率和压力损失的影响。

二、实验原理

袋式除尘器性能与其结构形式、滤料种类、清灰方式、粉尘特性及其运行参数等因素有关。本实验在袋式除尘器结构形式、滤料种类、清灰方式和粉尘特性确定的情况下，测定袋式除尘器的主要性能指标，并通过改变运行参数——处理风量，了解运行参数对袋式除尘器性能的影响。

(1)处理风量的测定。采用皮托管测量，其原理是利用皮托管和微压计测出风管断面流速。然后通过断面流速和除尘器进出口管径确定除尘器的处理风量。

$$Q=S\cdot\bar{u}=0.82S\cdot u$$

式中：Q——袋式除尘器风管流量(m^3/s)；

S——风管断面面积(m^2)；

u——风管内气体流速(皮托管测量结果)(m/s)。

说明：按标准测量应是测断面平均风速，本实验因不利于皮托管布置，因此用 $0.82u$ 代替平均风速。

(2)除尘器压力损失的测定。袋式除尘器压力损失为除尘器进出口管中气流的平均全压之差。当袋式除尘器进、出口管的断面面积相等时，可采用进、出口管中气体的平均静压差计算。因此，在袋式除尘器进出口管道断面上分别设置采样点，用 U 形管测量两断面的压力差，即为袋式除尘器的压力损失。

(3)除尘器效率测定。采用重量浓度法进行测定，即采用等速采样法同时测出除尘器进、出口管道气流的平均含尘浓度，进而计算除尘器效率。

$$\eta=\left(1-\frac{\rho_2 Q_2}{\rho_1 Q_1}\right)\times 100\%$$

式中：ρ_1——袋式除尘器进口管道中气流的含尘浓度(g/m^3)；

ρ_2——袋式除尘器出口管道中气流的含尘浓度(g/m^3)；

Q_1——袋式除尘器进口管道中气体流量(m^3/s)；

Q_2——袋式除尘器出口管道中气体流量(m^3/s)。

三、实验设备与试剂

(1)袋式除尘器性能测试实验系统(图 6－2)。

(2)钢卷尺。

(3)testo 512 压力仪(包含皮托管)。

(4)U 形管压差计。

(5)烟尘采样器。

(6)秒表。

(7)分析天平。

(8)恒温恒湿箱。

(9)玻璃纤维滤纸。

(10)空盒气压表。

(11)温度计。

图 6-2　袋式除尘器性能测定实验装置

四、实验步骤

(1)阅读烟尘采样器使用说明书，掌握该采样器的使用方法。对清洁滤膜进行预处理并进行称量，处理方法同“大气污染物 TSP 采样实验”。

(2)阅读 testo 512 型压力仪的使用说明书，了解风速及管道断面压力的测量方法。

(3)通过老师讲解及观察了解实验装置系统的结构、工作原理及作用。

(4)用钢卷尺测量除尘器进出口断面直径等尺寸。同时测定室内温湿度及大气压力，并详细记录数据。

(5)将除尘器进出口断面的采样点与 U 形管压差计连接。

(6)接通电源，启动风机和发尘装置，调整好发尘浓度，使系统达到稳定。

(7)确定工况后，开始测量。首先测量袋式除尘器进出口流速和不同断面的压力，同时记录 U 形管压差计的读数。然后用烟尘采样器进行进、出口粉尘采样。

(8)将烟尘采样器滤膜取出，采取同“大气污染物 TSP 采样实验”一样的处理方式，并进行称量。

(9)通过调整风机阀门来调节风量。待系统稳定后，重复进行步骤(7)～(8)的测量，共进行 3 次。详细记录数据。

(10)关闭风机和发尘装置，开启清灰装置，进行清灰。

五、数据分析

将所得数据填入表 6-4、表 6-5 中。

表 6-4　除尘器系统压力损失测定记录表

工　况	断面静压测试结果(Pa)				除尘器压力损失(Pa)
	1	2	3	4	
1					
2					
3					

表 6-5　除尘器效率测定记录表

工况	除尘器进口			除尘器出口			除尘器总效率(%)
	清洁滤膜质量(g)	尘膜质量(g)	气体流量(m^3/s)	清洁滤膜质量(g)	尘膜质量(g)	气体流量(m^3/s)	
1							
2							
3							

六、思考题

(1)绘制实验系统装置图。简要说明系统的整个工作过程。

(2)试分析数据误差产生的原因。

(3)简要说明工况对袋式除尘器压力损失及总效率的影响。

第七章　气态污染物的检测及处理实验

第一节　环境空气中二氧化硫的测定

一、实验目的

二氧化硫是环境空气中的重要污染物之一，也是导致酸雨形成的主要物质之一。近年来，我国更是提出了“两控区”的概念，进一步加强了对二氧化硫和酸雨的控制。因此，环保工作者需要对二氧化硫有更多的了解。

(1)了解国家对环境空气中二氧化硫测定的方法。

(2)掌握二氧化硫测定的方法和原理。

(3)了解空气中二氧化硫的来源和污染程度。

二、实验原理

对于二氧化硫的测定，采取甲醛吸收—副玫瑰苯胺分光光度法(GB/T 15262—94)。其原理为：二氧化硫被甲醛缓冲溶液吸收后，生成稳定的羟甲基磺酸加成化合物。在样品溶液中加入氢氧化钠使加成化合物分解，释放出二氧化硫与副玫瑰苯胺、甲醛作用，生成紫红色化合物，用分光光度计在577nm处进行测定。

三、实验设备与试剂

(1)分光光度计。

(2)多孔玻板吸收管，10mL。

(3)缓冲管。

(4)恒温水浴器。

(5)10mL具塞比色管。

(6)空气采样器。

(7)空盒气压表。

(8)温度计。

(9)氢氧化钠溶液，$c(NaOH)=1.5mol/L$。

(10)环乙二胺四乙酸二钠溶液，$c(EDTA-2Na)=0.05mol/L$。

(11)甲醛缓冲吸收液贮备液。吸取36%～38%的甲醛溶液5.5mL，EDTA-2Na溶液20.00mL。称取2.04g邻苯二甲酸氢钾，溶于少量水中。将三种溶液合并，再用水稀释至100mL，贮存于冰箱可保存1年。

(12)甲醛缓冲吸收液。用水将甲醛缓冲贮备液稀释100倍而成。临用现配。

(13)氨磺酸钠溶液，0.6g/100mL。

(14)碘贮备液，$c(I_2/2)=0.1mol/L$。

(15)碘溶液，$c(I_2/2)=0.05mol/L$。

(16)淀粉溶液，0.5g/100mL。

(17)碘酸钾标准溶液，$c(KIO_3/6)=0.1000mol/L$。

(18)盐酸溶液(1+9)。

(19)硫代硫酸钠贮备液，$c(Na_2S_2O_3)=0.10mol/L$。

(20)硫代硫酸钠标准溶液，$c(Na_2S_2O_3)=0.05mol/L$。

(21)乙二胺四乙酸二钠(EDTA)溶液，0.05g/100mL。

(22)二氧化硫标准溶液。称取0.200g亚硫酸钠(Na_2SO_3)，溶于200mL EDTA—2Na溶液中，缓缓摇匀以防充氧，使其溶解。放置2～3h后标定。此溶液每毫升含有320～400 μg二氧化硫。

(23)副玫瑰苯胺(简称PRA，即副品红，对品红)贮备液，0.20 g/100mL。

(24)PRA溶液，0.05g/100mL。吸取25.00mL PRA贮备液于100mL容量瓶中，加30mL 85%的浓磷酸，12mL浓盐酸，用水稀释至标线，摇匀，放置过夜后使用。避光密封保存。

四、实验步骤

1. 采样

采用内装10mL吸收液的U型多孔玻板吸收管，以0.5 L/min的流量采样。采样体积依大气中二氧化硫的浓度增减。采样时吸收液温度的最佳范围为23～29℃。采样同时需测定大气压力及温湿度。

2. 测定

(1)标准曲线的绘制。取14支具塞比色管，分A、B两组，每组7支，进行对应编号。A组按表7-1配置校准溶液系列。

表 7－1　标准溶液系列

管　号	0	1	2	3	4	5	6
二氧化硫标准溶液(mL)	0	0.50	1.00	2.00	5.00	8.00	10.00
甲醛缓冲吸收液(mL)	10.00	9.50	9.00	8.00	5.00	2.00	0
二氧化硫含量(μg)	0	0.50	1.00	2.00	5.00	8.00	10.00

B 组各管加入 1.00mL PRA 溶液，A 组各管分别加入 0.5mL 氨磺酸钠溶液和 0.5mL 氢氧化钠溶液，混匀。再逐管迅速将溶液全部倒入对应编号并盛有 PRA 的 B 管中，立即具塞混匀后放入恒温水浴中显色。显色温度与室温之差不超过 3 ℃。根据不同季节和环境条件按表 7－2 选择显色温度和显色时间。

表 7－2　显色温度和时间

显色温度(℃)	10	15	20	25	30
显色时间(min)	40	25	20	15	5
稳定时间(min)	35	25	20	15	10
试剂空白吸光度 A_0	0.03	0.035	0.04	0.05	0.06

在波长 577nm 处，用 1cm 比色皿，以水为参比溶液测量吸光度。

用最小二乘法计算校准曲线回归方程。曲线斜率为 0.044±0.002。

(2)样品测定。样品溶液中，如有混浊物，需离心分离去除。样品放置 20min 后，将吸收管中样品全部移入 10mL 比色管中，用吸收液稀释至标线，加 0.5mL 氨磺酸钠溶液，混匀，放置 10min 后，同标准曲线绘制步骤进行显色。

3. 实验结果计算

空气中二氧化硫的浓度按下式计算：

$$c(SO_2) = \frac{(A - A_0) \times B_s}{V_s} \times \frac{V_t}{V_a}$$

式中：A——样品溶液的吸光度；

A_0——试剂空白溶液的吸光度；

B_s——校正因子(微克/吸光度)；

V_t——样品溶液总体积(mL)；

V_a——测定时所取样品溶液体积(mL)；

V_s——换算成标准状况下(0 ℃，101.325kPa)的采样体积(L)。

五、数据分析

将所得数据分别填入表 7－3、表 7－4 中。

表 7－3　标准曲线测量记录表

管　　号	0	1	2	3	4	5	6
二氧化硫含量(μg)	0	0.50	1.00	2.00	5.00	8.00	10.00
吸光度							

注：Bs=______。

表 7－4　二氧化硫浓度测定记录表

采样流量(L/min)	采样时间(min)	采样标准体积(L)	空白吸光度	样品吸光度	SO_2 浓度(mg/m^3)

六、思考题

(1)标准曲线的准确度对实验结果有什么影响？

(2)显色测定过程中，显色温度和时间对测定结果是否有影响，试说明原因。

第二节　环境空气中氮氧化物的测定

一、实验目的

环境空气中的氮氧化物有很多种，其中一氧化氮和二氧化氮是大气中的主要物质。通常所说的氮氧化物即为一氧化氮和二氧化氮的混合物。氮氧化物也是导致酸雨形成的主要物质之一。

(1)了解国家对环境空气中氮氧化物测定的方法。

(2)掌握氮氧化物测定的方法和原理。

(3)了解空气中氮氧化物的来源和污染程度。

二、实验原理

空气中的氮氧化物经过三氧化铬-石英砂氧化管后，以二氧化氮的形式与吸收液中的对氨基磺酸进行重氮化反应，再与 N－(1－萘基)乙二胺盐酸盐偶合，生成粉红色偶氮染料，于波长 540～545nm 之间处测定吸光度。

三、实验设备与试剂

(1)分光光度计。

(2)多孔玻板吸收管，10mL。

(3)缓冲管。

(4)恒温水浴器。

(5)具塞比色管。

(6)空气采样器。

(7)空盒气压表。

(8)温度计。

(9)N－(1－萘基)乙二胺盐酸盐储备液：ρ＝1.00g/L。称取 0.50gN -(1 -萘基)乙二胺盐酸盐于 500mL 容量瓶中，用水溶解稀释至刻度。此溶液贮存于密闭棕色瓶中，在冰箱中冷藏可稳定三个月。

(10)显色液：称取 5.0g 对氨基苯磺酸溶解于约 200mL 热水中，将溶液冷却至室温，全部移入 1 000mL 容量瓶中，加入 50.0mL N -(1 -萘基)乙二胺盐酸盐储备液和 50mL 冰乙酸，用水稀释至刻度。此溶液贮存于密闭的棕色瓶中，在 25℃以下暗处存放可稳定三个月。若溶液呈现淡红色，应弃之重配。

(11)吸收液：使用时将显色液和水按 4＋1(V/V)比例混合，即为吸收液。

(12)亚硝酸盐标准储备液：NO_2^- (250mg/L)。准确称取 0.375g 亚硝酸钠($NaNO_2$，优级纯，预先在干燥器内放置 24h)溶于水，移入 100mL 容量瓶中，用水稀释至标线。此溶液贮存于密闭棕色瓶中于暗处存放，可稳定三个月。

(13)亚硝酸盐标准工作溶液：NO_2^- (2.5mg/L)。吸取亚硝酸盐标准储备液 1.00mL 于 100mL 容量瓶中，用水稀释至标线。临用前现配。

(14)三氧化铬-石英砂氧化管。

四、实验步骤

1. 采样

取一支多孔玻板吸收瓶，装入 10mL 吸收液，标记液面位置，用一小段硅橡胶管将氧化管连接在吸收瓶入口端(管口稍向下倾斜)，以 0.4mL/min 流量采气 4～24L。采样和存放过程中应避免阳光照射。采样同时需测定大气压力及温度。

2. 测定

(1)标准曲线的绘制。取 6 支 10mL 具塞比色管，按表 7 - 5 制备亚硝酸盐标准溶液色列。

表 7-5　NO_2标准溶液色列

管号	0	1	2	3	4	5
标准工作液(mL)	0.00	0.40	0.80	1.20	1.60	2.00
水(mL)	2.00	1.60	1.20	0.80	0.40	0.00
显色液(mL)	8.00	8.00	8.00	8.00	8.00	8.00
NO_2 浓度(μg/mL)	0.00	0.10	0.20	0.30	0.40	0.50

各管混匀，于暗处放置 20min(室温低于 20℃时放置 40min 以上)，用 10mm 比色皿，在波长 540～545nm 之间处，以水为参比测量吸光度，扣除空白试验的吸光度以后，对应 NO_2^- 的浓度，用最小二乘法计算标准曲线的回归方程。

(2)样品测定。采样后放置 20min，室温低于 20℃时放置 40min 以上，用水将采样瓶中吸收液的体积补充至标线，混匀。按步骤(1)对样品和空白进行测量。

3. 实验结果计算

空气中氮氧化物的浓度按下式计算：

$$C_{NO_x} = \frac{(A - A_0 - a) \times V \times D}{b \times f \times V_0}$$

式中：C_{NO_x}——空气中氮氧化物的浓度(以 NO_2 计)(mg/m^3)；

A、A_0——分别为样品和空白实验样品的吸光度；

b、a——分别为标准曲线的斜率[吸光度(mL/μg]和截距；

V——采样用吸收液体积(mL)；

V_0——换算为标准状态(101.325kPa，273K)下的采样体积(L)；

D——样品的稀释倍数；

f——Saltzman 实验系数，0.88(空气中 NO_x浓度超过 0.720mg/m^3 时，f 值为 0.77)。

五、数据分析

将所得数据分别填入表 7-6、表 7-7 中。

表 7-6　标准曲线测量记录表

管　号	0	1	2	3	4	5
NO_2 浓度(μg/mL)	0.00	0.10	0.20	0.30	0.40	0.50
吸光度						

注：Bs=______。

表 7－7　氮氧化物浓度测定记录表

采样流量 (L/min)	采样时间 (min)	采样标准体积 (L)	空白吸光度	样品吸光度	NO_x 浓度 (mg/m^3)

六、思考题

(1)简述环境空气中氮氧化物的来源。

(2)环境空气中氮氧化物的测定过程中有哪些需要注意的事项？试说明原因。

第三节　酸气(SO_2)吸收净化实验

一、实验目的

(1)了解填料塔的基本结构及其吸收净化酸雾的工作原理。

(2)实验分析填料塔净化效率的影响因素。

(3)了解 SO_2 自动测定仪的工作原理，掌握其测定方法。

(4)学会空压机、转子流量计的使用和调试。

二、实验原理

本实验采用碱性吸收液(5% NaOH 吸收液)吸收净化 SO_2 气体。内容包括两个方面：(1)填料塔在不同喷淋液流量下的吸收效率，分析实验最佳液气比；(2)测量在对应工况下填料塔的压力损失(压降)。

实验装置工作原理(图 7－1)：吸收液从高位液槽通过转子流量计由填料塔上部经喷淋装置进入塔内，流经填料表面，由塔下部排出，进入受液槽。空气由空压机进入缓冲灌，SO_2 由 SO_2 钢瓶进入缓冲灌，经缓冲灌混合后的含 SO_2 空气从塔底进气口进入填料塔内，通过填料层与 NaOH 喷淋吸收液充分混合、接触、吸收，尾气由塔顶排出。吸收过程发生的主要化学反应为：

$$2NaOH + SO_2 = Na_2SO_3 + H_2O$$

$$Na_2SO_3 + SO_2 + H_2O = 2NaHSO_3$$

实验过程中通过测定填料净化塔进出口气体中 SO_2 的含量，即可近似计算出吸收塔的平均净化效率。改变喷淋液的流量，重复上述过程，计算吸收塔的净化效率 η，进而了解吸收效果，确定最佳液气比 α。

图 7-1　SO_2 吸收净化系统

$$\eta=(1-\frac{c_2}{c_1})\times 100$$

式中：η——SO_2的净化效率(%)；

c_1——SO_2入口浓度($\times 10^{-6}$)；

c_2——SO_2出口浓度($\times 10^{-6}$)。

$$\alpha=\frac{Q_1}{Q_2}$$

式中：Q_1——喷淋液流量(m^3/s)；

Q_2——气体流量(m^3/s)。

填料塔的压降通过 U 形压差计测出填料塔进出口气体的静压差即可(填料塔进出口管道直径相等)。

SO_2进出口浓度由 DDL-103 型 SO_2自动测定仪测量(图 7-2)。仪器采用经典电导原理，采集气体中 SO_2，经用硫酸酸化的过氧化氢溶液吸收发生下列反应。

$$SO_2+H_2O_2 = H_2SO_4$$

在一定范围内，溶液电导率变化大小与 SO_2浓度成正比。

其工作过程为，首先供液泵将吸收液送入反应池中，然后抽气泵将被测气体经采样管、气水分离器、选择性过滤器，通过流量计送入反应池中，气液进行定比例吸

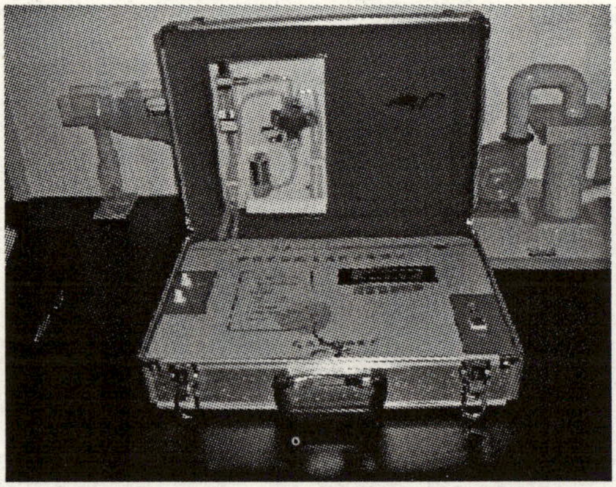

图 7 - 2　DDL - 103 SO_2 自动测定仪

收反应，当混合液中硫酸浓度发生变化时，由电极测出电导值，电测系统工作并显示出被测 SO_2 的浓度值，电磁阀打开将废液全部排出，控制系统将使以上过程自动循环，并将测试结果储存保留。

三、实验设备与试剂

(1)SO_2 酸雾净化填料塔 1 个。

(2)SO_2 与空气混合灌 1 个。

(3)转子流量计 4 个。

(4)空压机 1 台。

(5)SO_2 钢瓶(含气体)1 个。

(6)SO_2 自动测定仪 1 台。

(7)温度计 2 只。

(8)硫酸(分析纯)、30%H_2O_2(分析纯)试剂各 1 瓶，硫酸(分析纯)、NaOH 药剂一袋。

(9)橡胶联结管若干。

四、实验步骤

(1)SO_2 浓度测定仪中吸收液的配制：取分析纯硫酸 27.8mL，慢慢滴入去离子水中稀释至 1 000mL。将过氧化氢 3mL(30% H_2O_2 分析纯)与硫酸溶液 5mL 混合，用去离子水(蒸馏水)稀释至 1 000mL(1 000mL 吸收液可测量 10 次)。

(2)称取 NaOH 试剂 5kg 溶于 0.1m^3 水中，作为吸收系统的吸收液。

(3)按图示正确连结实验装置(包括设置 SO_2 自动测定仪参数，见说明书)，并检查是否漏气，在高位水槽中注入配制好的 NaOH 碱溶液。

(4)打开填料塔的进液阀，并调节液体流量，使液体均匀喷布，并沿填料塔缓慢流下，以充分润湿填料表面，记录此时流量。

(5)开启空压机，并逐渐打开吸收塔的进气阀，调节空气流量，仔细观察气液接触状况。

(6)待吸收塔能正常工作后，开启 SO_2 气瓶，并调节其流量，使空气中的 SO_2 含量为 0.1%～0.5%(体积比)。

(7)经数分钟，待塔内操作完全稳定后，开始测量记录数据。

(8)应测量记录的数据包括进气流量 Q_1、喷淋液流量 Q_2、进口 SO_2 浓度 c_1、出口浓度 c_2、填料塔阻力 Δh。

(9)在进口 SO_2 浓度和流量不变的情况下，改变喷淋液流量，重复上述操作，测量 SO_2 出口浓度，共测取 4～5 组数据。

(10)实验完毕后，先关掉 SO_2 钢瓶，待 1～2min 后再停止供液，最后停止鼓入空气。

五、数据分析

将所得数据填入表 7－8 中。

表 7－8　SO_2 吸收净化实验数据记录

工　况	1	2	3	4	5
空气流量(m^3/s)					
SO_2 流量(m^3/s)					
喷淋液流量(m^3/s)					
SO_2 入口浓度($\times 10^{-6}$)					
SO_2 出口浓度($\times 10^{-6}$)					
填料塔阻力(mmH_2O)					

六、思考题

(1)计算 5 种工况下的液气比，对应液气比提出最佳工况。

(2)比较填料塔阻力数据的变化，分析填料塔阻力的影响因素。

第四节　室内空气中甲醛的测定

一、实验目的

随着近年来室内环境污染日益严重，室内环境质量越来越引起人们的关注。与室外环境相比，室内环境对人体健康有更大的影响。因此，对室内环境空气质量的监测有着极其重要的意义。

(1)了解室内空气采样的布点和取样方法。

(2)掌握室内空气甲醛测定的方法和原理。

(3)了解室内空气中甲醛来源和污染程度。

二、实验原理

甲醛气体经水吸收后，在 pH＝6 的乙酸－乙酸铵缓冲溶液中，与乙酰丙酮作用，在沸水浴条件下，迅速生成稳定的黄色化合物，在波长 413nm 处测定。

三、实验设备与试剂

(1)空气采样器。

(2)皂膜流量计。

(3)气泡吸收管，10mL。

(4)具塞比色管，10mL。带 5mL 刻度，经校正。

(5)分光光度计。

(6)空盒气压表。

(7)水银温度计：0～100℃。

(8)pH 酸度计。

(9)水浴锅。

(10)不含有机物的蒸馏水：加少量高锰酸钾的碱性溶液于水中再行蒸馏即得(在整个蒸馏过程中水应始终保持红色，否则应随时补加高锰酸钾)。

(11)吸收液：不含有机物的重蒸馏水。

(12)乙酸铵(NH_4CH_3COO)。

(13)冰乙酸(CH_3COOH)：$\rho=1.055g/mL$。

(14)乙酰丙酮溶液，0.25％(V/V)：称 25g 乙酸铵，加少量水溶解，加 3mL 冰乙酸及 0.25mL 新蒸馏的乙酰丙酮，混匀再加水至 100mL，调整 pH＝6.0，此溶液于 2～5℃贮存，可稳定一个月。

(15)0.100 0mol/L 碘溶液：称量 40g 碘化钾，溶于 25mL 水中，加入 12.7g 碘。待碘完全溶解后，用水定容至 1 000mL。移入棕色瓶中，暗处贮存。

(16)1mol/L 氢氧化钠溶液：称量 40g 氢氧化钠，溶于水中，并稀释至 1 000mL。

(17)0.5mol/L 硫酸溶液：取 28mL 浓硫酸缓慢加入水中，冷却后，稀释至 1 000mL。

(18)0.100 0mol/L 硫代硫酸钠标准溶液：可购买标准试剂配制。

(19)0.5%淀粉溶液：将 0.5g 可溶性淀粉，用少量水调成糊状后，再加入 100mL 沸水，并煮沸 2～3min 至溶液透明。冷却后，加入 0.1g 水杨酸或 0.4g 氯化锌保存。

(20)甲醛标准贮备溶液：取 2.8mL 含量为 36%～38%甲醛溶液，放入 1L 容量瓶中，加水稀释至刻度。此溶液 1mL 相当于约 1mg 甲醛。

(21)甲醛标准使用溶液：用水将甲醛标准储备液稀释成 5.00μg/mL 甲醛标准使用液，甲醛标准使用液应临用时现配。

四、实验步骤

1. 采样

日光照射能使甲醛氧化，因此在采样时选用棕色吸收管，在样品运输和存放过程中，都应采取避光措施。棕色气泡吸收管装 5mL 吸收液，以 0.5～1.0L/min 的流量，采气 45min 以上。采集好的样品于室温避光贮存。

2. 分析

(1)标准曲线的绘制。取 7 支 10mL 具塞比色管按表 7－9 配制标准色列。

表 7－9 甲醛标准色列

管 号	0	1	2	3	4	5	6
甲醛(5.00μg/mL)(mL)	0.0	0.1	0.4	0.8	1.2	1.6	2.0
甲醛(μg)	0.0	0.5	2	4	6	8	10

于上述标准系列中，用水稀释定容至 5.0mL 刻线，加 0.25%乙酰丙酮溶液 2.0mL，混匀，置于沸水浴中加热 3min，取出冷却至室温，用 1cm 比色皿，以水为参比，于波长 413nm 处测定吸光度。将上述系列标准溶液测得的吸光度 A 值扣除试剂空白(零浓度)的吸光度 A_0 值，便得到校准吸光度 y 值，以校准吸光度 y 为纵坐标，以甲醛含量 x(μg)为横坐标，绘制标准曲线，或用最小二乘法计算其回归方程式。注意“零”浓度不参与计算。

(2)样品测定。取 5mL 样品溶液试样(吸取量视试样浓度而定)于 10mL 比色管中,用水定容至 5.0mL 刻线,以下步骤按步骤(1)进行分光光度测定。

3. 实验结果计算

室内空气中甲醛浓度按下式计算:

$$c=\frac{(A_s-A_b-a)\times B_s}{V_{nd}}\times\frac{V_1}{V_2}$$

式中:c——室内空气中甲醛浓度(mg/m^3);

A_s——样品测定吸光度;

A_b——空白试验吸光度;

a——校准曲线斜率;

B_s——校准因子;

V_1——定容体积(mL);

V_2——测定取样体积(mL);

V_{nd}——所采气样在标准状态下的体积(L)。

五、数据分析

将所得数据分别填入表 7-10、表 7-11 中。

表 7-10 标准曲线测量记录表

管　号	0	1	2	3	4	5
甲醛(μg)	0	0.5	2	4	6	8
吸光度						

注:B_s=______。

表 7-11 室内空气中甲醛浓度测定记录表

采样流量(L/min)	采样时间(min)	采样标准体积(L)	空白吸光度	样品吸光度	甲醛浓度(mg/m^3)

六、思考题

(1)若不对蒸馏水进行预处理,会对测定结果有什么影响?

(2)室内空气中甲醛的来源是什么?对人体有什么危害?

第四篇　固体废物污染控制工程

第八章　固体废物污染控制工程实验

第一节　危险废物重金属含量及浸出毒性测定实验

一、实验目的

(1)掌握危险废物中重金属含量的测定方法。

(2)掌握危险废物浸出毒性的测定方法。

(3)了解危险废物浸出毒性对环境的污染与危害。

二、实验原理

危险废物是指列入《国家危险废物名录》或根据国家规定的危险废物鉴别标准和鉴别方法认定的具有危险特性的废物。危险废物具有毒性、腐蚀性、易燃性、反应性和感染性等一种或几种危害特性。

含有有害物质的固体废物在堆放或处置过程中,遇水浸沥,使其中的有害物质迁移转化,污染环境。浸出实验是对这一自然现象的模拟实验。当浸出的有害物质的量值超过相关法规提出的阈值时,则该废物具有浸出毒性。

浸出是可溶性的组分通过溶解或扩散的方式从固体废物中进入浸出液的过程。当填埋或堆放的废物和液体接触时,固相中的组分就会溶解到液相中形成浸出液。组分溶解的程度取决于液固相接触的点位、废物的特性和接触的时间。废物的浸出液的组成和它对水质的潜在影响,是确定该种废物是否为危险废物的重要依据,也是评价这种废物所适用的处置技术的关键因素。

三、实验设备与试剂

(1)加热装置:板式电炉及100mL瓷质坩埚。

(2)过滤装置:加压过滤装置、真空过滤装置或离心分离装置。

(3)定容装置:50mL容量瓶或比色皿。

(4)浸取容器:2L密封塞广口聚乙烯瓶。

(5)浸取装置:频率可调的往复式水平振荡机。

(6)浸取剂:去离子水或同等纯度的蒸馏水。

(7)滤膜:0.45μm微孔滤膜或中速定量滤纸。

(8)硝化试剂:浓硝酸、王水、氢氟酸、高氯酸。

四、实验步骤

1. 重金属含量的测定

(1)准确称取0.1g试样,置于瓷坩埚中,用少许水润湿,加入0.5mL浓硝酸和10mL王水。

(2)将瓷坩埚置于电炉上加热,反应至冷却,使残液不少于1mL。

(3)将残液中再加入5mLHF,进行低温加热近1mL。

(4)最后加入5mL高氯酸加热至1mL。

(5)取下瓷坩埚,冷却,加入去离子水,继续煮沸使盐类溶解,再进行冷却。

(6)将最终残液移至于50mL容量瓶中,水洗坩埚加入硝酸至酸度为2%,定容至刻度。用原子吸收火焰分光光度法或ICP－AES测试溶液中重金属Cr、Cd、Cu、Ni、Pb和Zn的浓度。

2. 浸出毒性的测定

浸出液的制备方法根据国家标准GB5086.2—1997《固体废物浸出毒性浸出方法——水平振荡法》执行。

(1)将各危险废物样品研磨制成5mm以下粒度的试样。

(2)称取10g试样,置于锥形瓶中,加去离子水100mL,将瓶口密封。

(3)将锥形瓶垂直固定于振荡仪上,调节频率为110±10次/min,在室温下振荡8h(可根据需要适当调整浸取时间)。

(4)取下锥形瓶,静置16h,并于安装好滤膜的过滤装置上过滤,收集全部滤出液。用原子吸收火焰分光光度法或ICP－AES测试溶液中重金属的浓度c。

根据测定的危险废物浸出液中重金属的浓度,计算得出危险废物的重金属Cr、Cd、Cu、Ni、Pb和Zn的浸出率$\eta_{浸}$,详见下式:

$$\eta_{浸}=\frac{M}{M_0}\times 100\%$$

式中：M_0——危险废物中重金属物质的量(mg/g)；

M——危险废物浸出的重金属物质的量(mg/g)。

五、数据分析

实验数据可参考表 8－1 和表 8－2 记录，并计算出危险废物重金属的浸出率。

表 8－1　溶液中重金属浓度测定结果

项目	Cr	Cd	Cu	Ni	Pb	Zn
空白浓度(mg/L)						
样本浓度(mg/L)						

表 8－2　浸出液中重金属浓度测定结果

项目	Cr	Cd	Cu	Ni	Pb	Zn
空白浓度(mg/L)						
样本浓度(mg/L)						

六、思考题

(1)测试危险废物的重金属浸出毒性有何意义？

(2)有哪些因素会影响危险废物的浸出率？

第二节　固体废物吸水率、抗压强度和颗粒容重的测定实验

一、实验目的

(1)了解固体废物吸水率、抗压强度和颗粒容重的基本意义。

(2)掌握固体废物吸水率、抗压强度和颗粒容重的测定方法和原理。

二、实验原理

固体废物的吸水率是指将材料试样放在蒸馏水中，在规定的温度和时间内吸

水质量和式样原质量之比。吸水率可用来反映材料的显气孔率。

固体废物的密度可以分为体积密度、真密度等。体积密度是指不含游离水材料的质量与材料的总体积之比;材料质量与材料实体积之比值,则称为真密度。密度的测定是基于阿基米德原理。

固体废物的机械强度是指固体废物抗破碎的阻力。通常用静载下测定的抗压强度、抗拉强度、抗剪强度和抗弯强度来表示。抗压强度是最常用的固体废物的机械强度表示方法。

三、实验设备与试剂

(1)恒温干燥箱。

(2)天平。

(3)游标卡尺。

(4)容积密度瓶。

(5)标准筛 1 个。

(6)干燥器 1 个。

(7)研钵 1 个。

(8)万能实验材料测试机 1 台。

(9)实验试剂蒸馏水。

四、实验步骤

1. 吸水率的测试

根据国家标准 GB/T17431.1—1998 和 GB/T17431.2—1998 测试烧成固体废物样品的吸水率,具体如下:将固体废物放在 110±5℃的烘箱中干燥至恒重后,放在有硅胶或其他干燥剂的干燥器内冷却至室温。称量和记录固体废物的干燥质量 m_0,精确至 0.01g。然后将样品放入成水的容器中,如有颗粒飘浮在水面上,必须设法将其压入水中。样品浸水 1h 后,将样品倒入 5.00mm 的筛子中,滤水 1~2min,然后倒在拧干的湿毛巾上,用手抓住毛巾两端,使其成槽形,让固体废物在毛巾上往返滚动 4 次后,将固体废物取出称重,质量为 m。固体废物的 1h 吸水率 W 按以下公式计算:

$$W=\frac{m-m_0}{m_0}\times 100\%$$

式中:W——固体废物的 1h 吸水率(%),计算精确到 0.01%;

m_0——烘干实验的重量(g);

m——浸水后试样的重量(g)。

2. 抗压强度的测试

按照国家标准 GB/T4740—1999 在 WE—50 型液压式万能试验机上测试烧成固体废物样品的抗压强度。具体步骤如下：①将样品制成直径 20±2mm、高 20±2mm 的试样；②将试样置于温度为 110℃的烘箱中，烘干 2h，然后放入干燥器，冷却至室温；③测量并记录每块试样的直径和高度，精确至 0.1mm；④将试样放入试验机压板中心，并在试样两受压面衬垫 1mm 厚的草纸板；⑤选择适当的量程，以 2×10^2N/s 的速度均匀加载直至试样破碎（以测力指针倒转时为准），记录试验机指示的最大载荷。样品抗压强度极限按下式计算：

$$\sigma_c=\frac{4P}{\pi D^2}$$

式中：σ_c——抗压强度（MPa）精确至 0.01MPa；

P——试样受压破碎的最大载荷（N）；

D——试样直径（mm）。

3. 颗粒容重测试

按照 GB2842—81 测试烧成固体废物样品的颗粒容重。取适量样品，放入量筒中浸水 1h，然后取出（可采用测完 1h 吸水率的试样进行测定），称重 m。将试样倒入 100mL 的量筒里，再注入 50mL 清水。如有试样漂浮水上，可用已知体积（V_1）的圆形金属板压入水中，读出量筒的水位（V）。固体废物的颗粒容重计算公式如下：

$$\gamma_k=\frac{m\times 1\ 000}{V-V_1-50}$$

式中：γ_k——固体废物颗粒容重（kg/m^3），计算精确至 $10kg/m^3$；

m——试样重量（g）；

V_1——圆形金属板的体积（mL）；

V——倒入试样和放入压板后量筒的水位（mL）。

五、数据分析

（1）根据上式计算固体废物的吸水率、抗压强度和颗粒容重。

（2）分析误差产生的原因。

六、思考题

（1）固体废物的性质对破碎处理有何影响？

（2）固体废物的哪些结构特征对其抗压强度产生影响？

（3）固体废物的吸水率、抗压强度和颗粒容重，三者之间有何种联系？

第三节　固体垃圾渗漏液反应器实验

一、实验目的

(1)掌握固体垃圾渗漏液反应器的工艺流程，主要装置组成和规格。

(2)了解固体垃圾渗滤液的产生及成分。

(3)了解垃圾发酵的不同阶段渗滤液产生量和成分的不同，及其影响因数。

二、实验原理

渗滤液又称为浸出液、渗出液、渗沥液、渗沥水或渗滤水等。垃圾渗滤液成分极为复杂，主要是指由表面下渗的雨水进入填埋场后，沥经垃圾层和黏土层而产生的高含量有机废水。渗滤液还包括垃圾所含的水分，垃圾分解所产生的水及入浸的地下水。一个设计规范的填埋场应防止地下水进入，产生渗滤液，污染地下水体和地表水体。

根据填埋场水量平衡状况所得渗滤液量计算公式：

$$L=P(1-R)-E-\Delta S$$

式中：L——垃圾渗滤液量；

P——填埋场区域的降水量；

R——地表径流系数；

E——地表及植物蒸发水量；

ΔS——垃圾层及覆土层的饱和持水量的变化量。

本实验可在结束后将箱底的阀门打开，采用计时法估计渗漏液量 L。

由于渗滤液组成复杂，试图搞清楚每一种物质组成难度较大，实验中可有选择的测定所收集的渗滤液的 COD_{Cr}、BOD_5、pH、SS、NH_3-N 及重金属等指标。

三、实验设备与试剂

(1)固体垃圾渗漏液箱(有机玻璃板)(体积 0.22m^3)。

(2)温度传感器 1 只、数显温度仪表 1 只。

(3)漩涡气泵。

(4)金属电控制箱 1 只，漏电保护开关 1 套，按钮开关 2 只，电压表 1 只(0～250V)，不锈钢支架 1 套等组成。

(5)pH 酸度计。

(6)量筒。

(7)滴管。

(8)烧杯。

(9)秒表。

(10)天平。

(11)原子吸收分光光度仪。

本实验的工艺流程图见图 8-1。

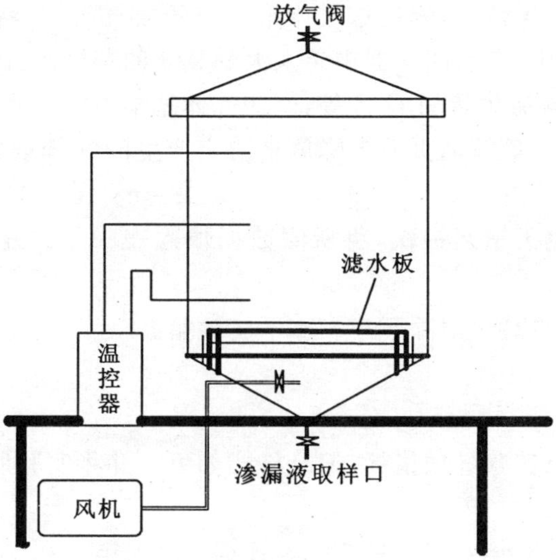

图 8-1　固体垃圾渗漏液反应器实验流程图

四、实验步骤

(1)按比例配制一定量的生活垃圾。具体的配置方法如下：厨余垃圾占 60%，废纸、枯草等占 10%，其他无机质和橡胶等占 30%。

(2)装填实验箱。将配置好的生活垃圾破碎并充分混合。本实验中固体垃圾渗滤液箱体积为 0.22m^3，参考我国垃圾比重取值，本实验中取填埋垃圾的比重为 0.6×10^3kg/m^3，则应装填的垃圾重量为 132kg，此处可取 130kg，打开箱盖，装入箱体内。

(3)打开风机进行充气。

(4)流量测定。在室温(注意最好控制在 20℃以上)下垃圾在箱体中自然降解，待反应一段时间后，产生渗滤液量较稳定时，取一个 500mL 的量筒置于渗漏液取样口下方，打开取样口阀门，用秒表或带计时功能的手表记录时间。待一段时间 t 后，关上阀门。用量筒中渗滤液体积 V 与时间 t 的比值(V/t)即可算出渗滤液流量 L，记录在表 8-3。

(5)渗滤液水质指标测定。指标的测定方法为：COD_{Cr}采用重铬酸钾法测定，pH 值采用 pH 酸度计，悬浮物(SS)采用重量法测定，5 日生化需氧量(BOD_5)采用稀释与接种法，氨氮(NH_3-N)采用滴定法，重金属采用原子吸收分光光度法。将数据记录在表 8-4。

(6)温度记录。数显温度仪表测定出上中下三层垃圾的温度，分别为 $t_{上}$，$t_{中}$，$t_{下}$。把各项指标记录在表 8-3 中。

(7)观察气体产生情况，测定总气体量。打开放气阀门，将产生的气体通过胶皮管导入密闭容器中，在密闭容器中装入大约 2/3 的蒸馏水，由于产生的气体主要为 CO_2 和 CH_4，还含有少量的 H_2S 等，这些气体基本不溶于水，我们可在一定的时间内根据带刻度的玻璃管内页面下降值来测定产生的气体量 $Q_{气}$，并记录在表 8-3 中。

(8)按此步骤隔天重复一次，将所测数据填入表中。重复操作 2 周后结束实验。

(9)关掉风机，将垃圾清除干净。擦干实验箱。

五、数据分析

(1)测定并记录实验各项指标，记录格式如下。并将实验所得数据分别填入表 8-3、表 8-4 中。

实验日期：______年______月______日至______年______月______日。

原厨余垃圾的含水率及灰分：含水率(%)______；灰分(%)______。

垃圾质量：______kg。

(2)以 V/t 计算流量 Q，记录在表 8-3 中。

表 8-3　渗滤液流量，垃圾温度及气体量数据记录

日期	渗滤液流量 L(mL/s)	气体量 $Q_{气}$ (mL/s)	数显温度计温度(℃)			备　注
			$t_{上}$	$t_{中}$	$t_{下}$	
第 2 天						
第 4 天						
第 6 天						
第 8 天						
第 10 天						
第 12 天						
第 14 天						

注：总渗漏液量______L。

表 8-4 渗滤液水质指标

采样时间(h)	COD(mg/L)	pH	SS(mg/L)	BOD_5(mg/L)	NH_3-N(mg/L)	重金属(mg/L)	备注

六、思考题

(1)垃圾渗滤液形成的主要原因有哪些?

(2)分析影响堆肥过程中的主要因素。

(3)根据堆肥的原理,分析在反应的不同阶段渗漏液产生量及水质成分的不同,以及造成这种现象的原因。

第四节 固体废物热值测定实验

一、实验目的

(1)掌握用氧弹式量热计测定有机物的燃烧热。

(2)明确燃烧热的定义,了解恒压燃烧热与恒容燃烧热的差别及相互关系。

(3)掌握有关热化学实验的一般知识和测量技术,及雷诺图校正温差的方法。

(4)了解氧弹式量热计的原理、构造及使用方法。

(5)掌握压片技术,熟悉高压钢瓶的使用方法。

二、实验原理

有机物的燃烧焓 ΔcH_m 是指 1mol 的有机物在 p 时间内完全燃烧所放出的热量,通常称为燃烧热。燃烧产物是指该化合物中 C 变为 $CO_2(g)$,H 变为 $H_2O(L)$,S 变为 $SO_2(g)$,N 变为 $N_2(g)$,Cl 变为 HCl(aq),金属变为游离状态。

量热方法是热力学的一个基本实验方法。热量有恒压燃烧热 Q_p 和恒容燃烧热 Q_V 之分。用氧弹量热计测得的是恒容燃烧热 Q_V。从手册上查到的燃烧热数值都是在 298.15K 和 101.325kPa 条件下,即标准摩尔燃烧焓,属于恒压燃烧热 Q_p。由热力学第一定律可知:$Q_V=\Delta U$,$Q_p=\Delta H$。若把参加反应的气体和反应生成的气体都作为理想气体处理,则他们之间存在以下的关系:

$$\Delta H=\Delta U+\Delta(PV)$$

$$Q_p=Q_V+\Delta nRT$$

式中:Δn——反应前后反应物和生成物中气体的物质的量之差(mol);

R——气体常数 J/(mol·K);

T——反应的热力学温度(K)。

在本实验中,设有 m 克物质在氧弹中燃烧,可使 W 克水及量热器本身温度由 T_1 升至 T_2。令 C_m 代表热器的热容,Q_V 为该有机物的恒容摩尔燃烧热,则

$$Q_V=(C_m+W)(T_2-T_1)M/m$$

式中:M——该有机物的摩尔质量。

该有机物的燃烧热则为:

$$Q_P=Q_V+\Delta nRT=M(C_m+W)(T_2-T_1)/m+\Delta nRT$$

由上式我们可先用已知燃烧热值的苯甲酸,求出量热体系的总热量 $(C_m+W)=K$ 后再用相同的方法对其他物质进行测定,测出温升 $\Delta T=(T_2-T_1)$,代入上式,即可求出其他燃烧热。

三、实验设备与试剂

(1)氧弹量热计 1 套。

(2)压片机 1 台。

(3)氧气钢瓶(大于 80kg 压力,含减压阀)。

(4)万用表 1 个。

(5)充氧导管 1 个。

(6)Cu-Ni 合金丝若干。

(7)苯甲酸(分析纯)。

四、实验步骤

(1)将量热计及其所有附件加以整理并用酒精清洗干净。

(2)压片:取配套的燃烧丝绕成小线圈,放在干的燃烧杯中称量,另取天平称取 0.8~1.0g 的苯甲酸,把燃烧丝放在苯甲酸中,在压片机上压成圆片。并将压好的样品放在燃烧杯中称量,得到样品的质量。

(3)充氧气:取下氧弹盖,将装有样品的燃烧杯放入燃烧杯架上,把燃烧丝的两端分别紧绕在氧弹头的两根电极上。把弹头放入弹杯中,用手将其拧紧,充氧。

高压氧气钢(图 8-2)瓶使用规则:连接氧气钢瓶和氧气表,并将氧气表头的导管与氧弹的进气管接通,此时减压阀门 2 应逆时针旋松(即关紧),打开氧气钢瓶上端氧气出口阀门 1(总阀),观察表 1 的指示是否符合要求(至少在 4MPa),然后缓缓旋紧减压阀门 2(即渐渐打开),使表 2 指针指在表压 1.5MPa,氧气充入氧弹中。1~2min 后旋松(即关闭)减压阀门 2,关闭阀门 1,再松开导气管,氧弹已充入约 2MPa 的氧气,可供燃烧之用。但是阀门 2 至阀门 1 之间尚有余气,因此要旋紧减压阀门 2 以放掉余气,再旋松阀门 2,使钢瓶和氧气表头复原。

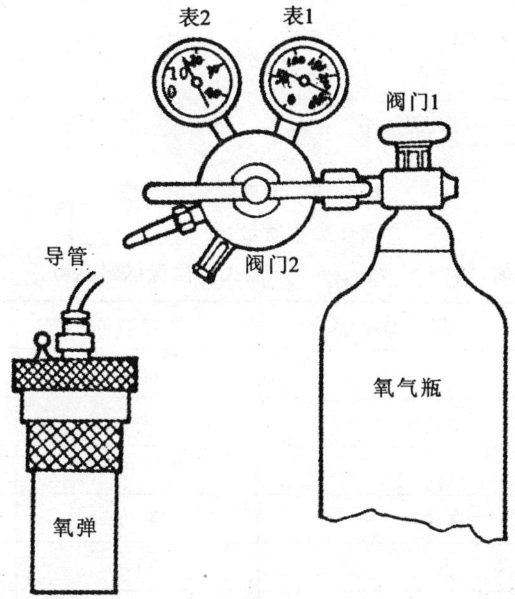

图 8-2 氧弹充气示意图

(4)将外筒装满水后,向内筒中加入 3 000mL 自来水。

(5)接线,将点火线的一头插在进气口,同时将磁铁吸在弹盖上。

(6)打开电源开关,按下"搅拌"按键,待温度趋于稳定后,将点火线的另一头与主机连接,然后按下"运行"按键,仪器进入测量状态,同时记录各阶段数据。

1)初期:样品燃烧以前的阶段。这一阶段观测和记录周围环境和量热体系在实验开始时的热交换关系。

2)主期:点火至传热平衡的阶段。这一阶段主要观测样品燃烧放出热量后引起水温变化的关系。

3)末期:样品燃烧以后的阶段。这一阶段的目的与初期相同,是观察实验后期的热交换关系。

(7)实验停止后,取出氧弹,用放气帽将氧弹中的气体排净后,打开氧弹盖检查样品的燃烧结果。若氧弹中没有燃烧残渣,表示完全燃烧,若留有许多黑色残渣表示燃烧不完全,实验失败。

(8)实验结束后关闭电源,将内筒和外筒的水排除干净,并将氧弹装置所有附件用酒精擦拭干净。

(9)测量固体废物的燃烧热。称取 0.8~1.0g 固体废物代替苯甲酸,重复上述实验。

五、数据分析

1. 实验数据记录

将所得实验数据记录到表 8-5 中。

表 8-5　温度变化记录表

室温:____________℃;　　固体废物质量:____________g

点火丝质量(燃烧前):________g;　　点火丝质量(燃烧后):____________g

实验时间	实验温度(℃)	实验时间	实验温度(℃)
0s(初始温度)		280s	
20s		300s	
40s		320s	
60s		340s	
80s		360s	
100s		380s	
120s(点火温度)		400s	
140s		420s	
160s		440s	
180s		460s	
200s		480s	
220s		500s	
240s		520s	
260s		540s	

2. 用雷诺图解法求出苯甲酸、固体废物燃烧前后的温差

尽管在仪器上进行了各种改进，但在实验过程中仍不可避免环境与体系间的热量传递。这种传递使得我们不能准确地由温差测定仪读出由于燃烧反应所引起的温升 ΔT。而用雷诺作图法进行温度校正，能较好地解决这一问题。

将燃烧前后所观察到的水温对时间作图，可联成 $FHIDG$ 折线，如图 8-3(a)和图 8-3(b)所示。图 8-3(a)中 H 相当于开始燃烧之点。D 为观察到的最高温度之点。在温度为室温处作平行于时间轴的 JI 线。它交折线 $FHIDG$ 于 I 点。过 I 点作垂直于时间轴的 ab 线。然后将 FH 线外延交 ab 线于 A 点。将 GD 线外延，交 ab 线于 C 点。则 AC 两点间的距离即为 ΔT。图中 AA' 为开始燃烧到温度升至室温这一段时间 Δt_1 内，由环境辐射以及搅拌所引进的能量而造成量热计的温度升高值，应予以扣除。CC' 为温度由室温升高到最高点 D 这一段时间 Δt_2 内，量热计向环境辐射而造成本身温度的降低值，应予以补偿。因此 AC 可较客观的反应出由于燃烧反应所引起量热计的温升。在某些情况下，量热计的绝热性能良好，热漏很小，而搅拌器的功率较大，不断引进能量使得曲线不出现极高温度点，如图 8-3(b)，校正方法相似。

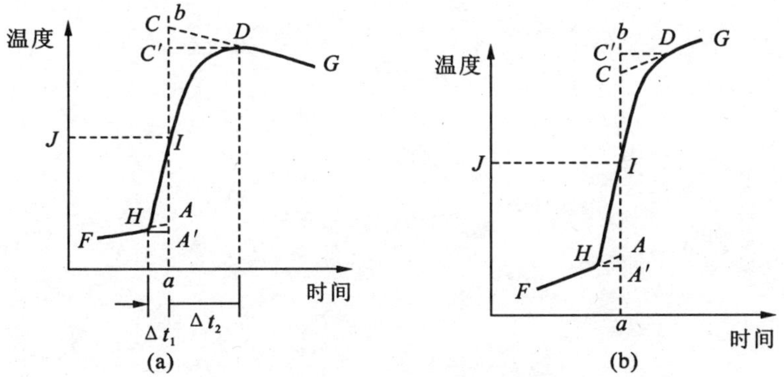

图 8-3　雷诺图解求雷诺图解

3. 计算量热计的热容

在测定固体废物的燃烧热之前，必须用苯甲酸测出 K 值，然后才能测其他物质的燃烧热。苯甲酸公式法校正温差：

$$K=C_m+W=(Q\cdot a+gb)/\Delta T$$

4. 求出固体废物的燃烧热

$$Q_V=(\Delta TK-gb)/G$$

式中：G——固体废物的质量(g)；

K——量热体系的热容量；

Q——苯甲酸的热值($J \cdot g^{-1}$),26 465 $J \cdot g^{-1}$;

a——苯甲酸的重量(g);

g——燃烧丝的热值($J \cdot g^{-1}$),3 242 $J \cdot g^{-1}$或1.4 $J \cdot cm^{-1}$;

b——实际消耗的引火丝的重量(g);

T——直接观测的主期最终温度(K);

T_0——直接观测的主期最初温度(K);

ΔT——热量计热交换校正后的温度差(K)。

六、思考题

(1)测量体系与环境之间有没有热量的交换？能否定量准确地测量出所交换的热量？

(2)苯甲酸物质在本实验中起到什么作用？

(3)恒压燃烧热与恒容燃烧热有何区别？

第五篇　物理性污染控制实验

第九章　噪声污染控制实验

第一节　声级计的使用

一、实验目的

(1)掌握使用声级计的方法,对声级的测量有感性的认识。

(2)能够进行一些简单的噪声测量。

(3)了解声级计的基本组成。

二、实验原理

声级计工作原理如图 9-1 所示。

三、实验设备与试剂

(1)红升 HS5633B 型通用声级计 10 台。

(2)声级计校准器 1 个。

四、实验步骤

(1)认真阅读 HS5633B 型通用声级计的使用说明书。

(2)准备好符合要求的测试仪器(9V 叠层电池的安装;传声器与风罩的安装),打开电源,预热 2min 后方可测量(潮湿天须预热 5～10min)。

(3)将声级校准器(94dB,1 000Hz)配合到声级计传声器上,开启校准器电源,用钟表起子调节右侧端的旋钮(CAL)至屏幕显示 93.8dB 即可进行测量(声级计具有良好的稳定性,没有特别要求,无需经常校准)。

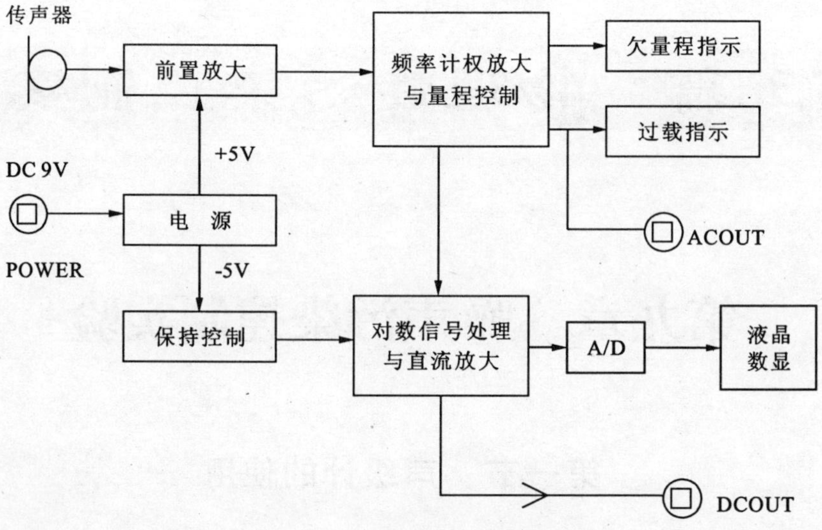

图 9-1 声级计工作原理

五、注意事项

(1)测量时将金属探头呈 45 度角对准测量目标。

(2)测量时不要将嘴靠近传声器以免影响灵敏度。

六、思考题

(1)IEC61627《声级计》标准对 2 型声级计的精度要求是多少分贝?

(2)HS5633B 型声级计测量范围是 35～130dB(A),40～130dB(C);当测量同一个噪声时,如果 A,C 声级读数相差很小,则此噪声是以中低频为主?还是以高频为主?

第二节 道路交通噪声的测量

一、实验目的

(1)加深对交通噪声特征的了解。

(2)掌握等效连续声级及累计百分数声级的概念和计算方法。

二、实验原理

本实验采用等效连续声级及累计百分数声级对测试的交通噪声进行评价。等效连续 A 声级又称等能量 A 计权声级，它等效于在相同的时间 T 内与不稳定噪声能量相等的连续稳定噪声的 A 声级。在同样的采样时间间隔下测量时，测量时段内的等效连续 A 声级通过以下表达式计算：

$$Leq = 10\lg\left[\frac{1}{n}\sum_{i=1}^{n}10^{0.1LAi}\right]$$

式中：Leq——等效连续声级(dB)；

LAi——第 i 个 A 计权声级(dB)；

n——测试数据个数。

累计百分数声级 Ln 表示在测量时间内高于 Ln 声级所占的时间为 $n\%$。对于统计特性符合正态分布的噪声，其累计百分数声级与等效连续 A 声级之间有近似关系：

$$Leq \approx L_{50} + \frac{(L_{10} - L_{90})^2}{60}$$

三、实验设备与试剂

(1)红升 HS5633B 型通用声级计 10 台。

(2)声级计校准器 1 个。

四、实验步骤

(1)测量条件：在测量前后使用声级校准器进行校准，要求测量前后校准偏差不大于 2dB。测量应在无雨、无雪的天气条件下进行，风速要求控制在 5m/s 以下。

(2)测点选择：道路交通噪声的测点应选在市区交通干线两路口之间，道路边人行道上，距马路沿 20cm 处，此处距两交叉路口应大于 50m。交通干线是指机动车辆每小时流量不小于 100 辆的马路。这样该测点的噪声可用来代表两路口间该段马路的噪声。测点离地面高度大于 1.2m，并尽可能避开周围的反射物(离反射物至少 3.5m)，以减少周围反射对测试结果的影响。

(3)测量步骤：①准备好符合要求的测试仪器，打开电源待稳定后，用校准器将仪器校准到标准声级。②在选定的测量位置，布置测点。③按等时间间隔(选取 5s 或 10s)，读取各时间间隔内平均 A 声级。在测量开始时同时进行车流量计数，连续测量 200 个数据。④测量结束后，用校准器对仪器再次进行校准，检查前后校准误差是否小于 2dB，否则重新测量。

五、数据分析

将测量得到的 200 个 A 声级数据，按从小到大的顺序排列，填写至表 9－1 中。

表 9-1　环境(交通)噪声测量表

组员＿＿＿＿＿＿　　　　　　　　　　＿＿＿＿年＿＿＿月＿＿＿日

编　号		地点：			时　分至　时　分		
使用仪器			校准方法				
主要声源			干线长度(km)		车流量(辆/小时)		
L_i		n_i	$\sum n_i$	累计数	L_i'	Leq 计算	
十位	个位					$L_m(L_{总})$ 计算	
	7						
	8						
	9						
	0						
	1						
	2						
	3						
	4						
	5						
	6						
	7						
	8						
	9						
	0						
	1						
	2						
	3						
	4						
	5						
	6						
	7						
	8						
	9						
	0						
	1						
	2						
	3						
	4						
	5						
	6					σ	
	7					L_{90}	L_{50}
	8						
	9						
	0					L_{10}	L_{eq}
	1						
	2						

注：测量＿＿＿＿＿　　　记录＿＿＿＿＿

六、思考题

交通噪声引起人们的烦恼，决定于噪声的哪些因素？

第三节　吸声材料法向吸声系数的测量(驻波管法)

一、实验目的

(1)加深对垂直入射(法向)吸声系数的理解。

(2)了解人耳听觉的频率范围，获得对一些频率纯音的感性认识。

(3)掌握驻波管法测量材料法向吸声系数的基本原理与方法。

二、实验原理

在驻波管中传播平面波的频率范围内，声波入射到管中，再从试件表面反射回来，入射波和反射波叠加后在管中形成驻波。由此形成沿驻波管长度方向声压极大值与极小值的交替分布。用试件的反射系数 r 来表示声压极大值与极小值，可写成：

$$p_{\max}=p_0(1+|r|)$$
$$p_{\min}=p_0(1-|r|)$$

根据吸声系数的定义，吸声系数与反射系数的关系可写成：

$$\alpha_0=1-|r|^2$$

定义驻波比 S 为：

$$S=\frac{|p_{\min}|}{|p_{\max}|}$$

吸声系数可用驻波比表示为：

$$\alpha_0=\frac{4s}{(1+s)^2}$$

因此，只要确定声压极大和极小的比值，即可计算出吸声系数。如果实际测得的是声压级的极大值和极小值，计两者之差为 L_p，则根据声压和声压级之间的关系，可由下式计算吸声系数：

$$\alpha_0=\frac{4\times10^{(L_p/20)}}{(1+10^{(L_p/20)})^2}$$

三、实验设备与试剂

(1)JTZB 驻波管测试及演示系统(含专用信号源，测量放大器，专用 1/3 倍频程滤波器，吸声系数和声阻抗率计算软件等）。

(2)待测吸声材料。

四、实验步骤

利用驻波管测试材料垂直入射吸声系数的步骤如下：

(1)将固定驻波管的滑块移到最远处。

(2)移动仪器屏幕上的光标，到所要测量的频率第一个峰值处，缓慢移动固定驻波管的滑块，同时读取光标位置显示的声压级，将滑块停在声压级为一个极大值的位置。此位置即为峰值位置，输入此时滑块所在位置的刻度。

(3)移动仪器屏幕上的光标，到所要测量的频率第一个谷值处，缓慢移动固定驻波管的滑块，同时读取光标位置显示的声压级，将滑块停在声压级为一个极小值的位置。此位置即为谷值位置，输入此时滑块所在位置的刻度。

(4)移动仪器屏幕上的光标，到所要测量的频率第二个峰值位置、第二个谷值位置，或到所要测量的第三个峰值位置、第三个谷值位置，重复(2)，(3)条操作。可以测量到第二个峰谷值和第三个峰谷值。

(5)重复(1)～(4)操作，可以测量到各个频率点的声压级峰谷值。

五、注意事项

测过数据后，光标不要返回，驻波管的瞬时数据会覆盖原有记录数据；由于扬声器密封性能不是特别好，故标尺首尾数据不要记录，避免因漏声造成的测量误差。

六、思考题

(1)JTZB驻波管测试系统中的驻波管大小与测试频率有什么关系？

(2)JTZB驻波管测试系统中的信号发生器、功率放大器是否可以独立使用？

(3)JTZB驻波管测试系统中的频谱分析系统加入什么后可单独作为频谱分析仪使用？

第四节　环境振级仪的使用

一、实验目的

(1)了解振动测量的基本原理。

(2)掌握环境振级的测量方法。

二、实验原理

随着现代工业与经济建设的加快发展，随着人们物质生活水平的不断提高，环境振动对人体的影响越来越得到人们的重视，并作为一种环境公害加以控制。根据 ISO2631 文件，振动对人体的影响主要通过以下振动测量标准来评价，即：①1～80Hz 频率范围内的全身振动，在三个轴向确定“舒适性降低界限”，“疲劳——熟练程度降低界限”和“暴露界限”；②在 0.1Hz～0.63Hz 频率范围内，人随 Z 轴方向全身振动。

目前，国际上通用加速度参数来表示振动的强度，加速度常用 VL 表示。

$$VL=20\lg a/a_0$$

式中：a——振动加速度的有效值(m/s^2)；

a_0——参考速度值，$a_0=10^{-6}m/s^2$。

而通过仪器内部设置 Z 垂直方向和 $X-Y$ 水平方向计权网络来获得计权振动测量结果。

$$VL_Z=20\lg a_Z/a_0$$

$$VL_{X-Y}=20\lg a_{X-Y}/a_0$$

式中：a_Z、a_{X-Y}——振动计权加速度的有效值(m/s^2)；

a_0 同(1)式。

计权特性见图 9-2。

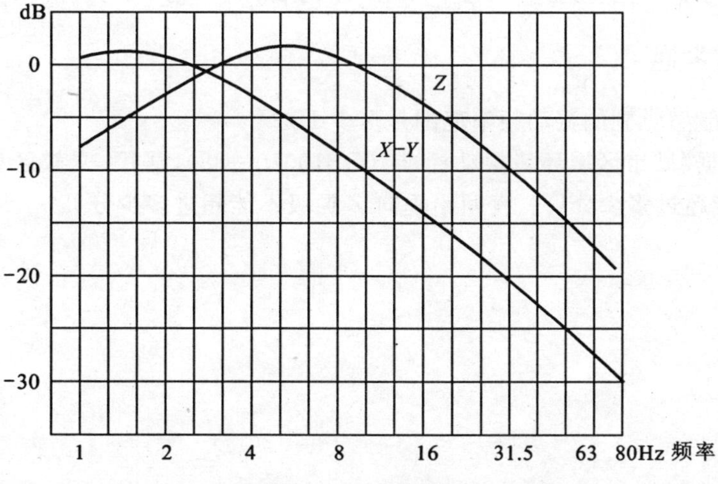

图 9-2　全身垂直、水平振动频率计权特性

三、实验设备与试剂

HS5933A 型环境振级分析仪。

四、实验步骤

(1)根据测量要求，将振动传感器垂直(测量 Z 振级时)或水平放置(测量 $X-Y$ 振级时)于被测物体上。(振动传感器是单向型的，测量 Z 振级时应垂直放置，测量 $X-Y$ 振级应水平放置。传感器外壳用铝金属制造，抗腐蚀能力强，且重量较重，自身稳定性好，适合环境振动测量要求。)

(2)频率计权开关设置于 Z 或 $X-Y$ 位置，与振动传感器放置方向相对应。

(3)测量方式开关设置于[MEAS]位置。

(4)在显示器上直接读出被测振级值(注意:仪器在刚接通电源时，读数会从大到小变化，待稳定后测得的 dB 数方可作测量结果)，如果显示器中出现“Over”标记，表示信号输入过载，应重新测量。

(5)最大振级保持测量。按一下[HOLD]键，使显示器左端出现“HOLD”标记，显示器读数将保持测量期间内的最大振级。不需要时，再按一下[HOLD]键，读数回到瞬时振级测量状态。

(6)自动测量 VL_{eq}、VLn、SD 等数据。按[TIME]设置日期，再设定测量时间(如 5min、10min、24h)，按[RUN/PAUSE]进入自动测量状态，按[MODE]，数据依次显示 VL_{eq}→SD→VL_{90}→VL_{50}→VL_{10}→VL_{min}→VL_{max}→VL_{eq}。

五、思考题

(1)人能感觉到的振动频率范围是多少 Hz?

(2)依据《城市区域环境振动标准》(GB10070—88)，居民、文教区昼间铅垂向 Z 振级不能超过多少分贝？夜间铅垂向 Z 振级不能超过多少分贝？

第十章　放射性污染控制实验

第一节　建材放射性污染的测量

一、实验目的

(1)了解核辐射对人体的影响。

(2)掌握放射性测量的基本单位。

(3)了解装修材料据放射性水平的基本分类。

二、实验原理

闪烁检测器是利用射线与物质作用发生闪光的仪器，以其高灵敏度和高计数率的优点而被用于测量 α、β、γ 辐射强度。其工作原理图如图 10－1 所示。

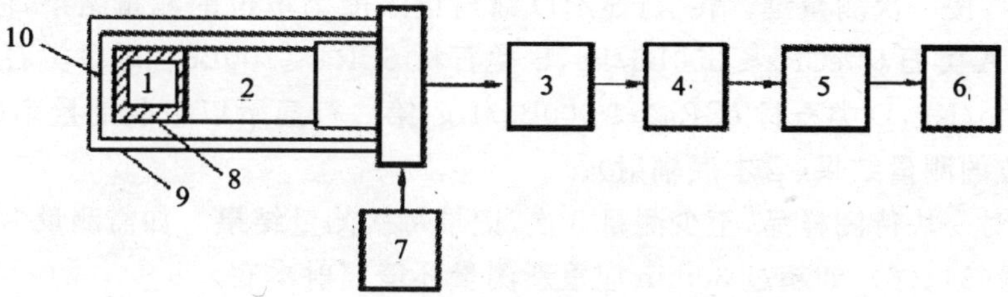

图 10－1　闪烁检测器工作原理图

1. 闪烁体；2. 光电倍增管；3. 前置放大器；4. 主放大器；5. 脉冲幅度分析器；6. 定标器；7. 高压电源；8. 光导材料；9. 暗盒；10. 反光材料

ZDD－3901 石材放射性检测仪采用 NaI(Tl)晶体作为闪烁体材料(为减少周围场地环境辐射本底的影响，探头部分加套了 10mm 厚的铅屏)，80C31 微机芯片、CMOS 集成电路和液晶显示作为仪器主机，根据《天然石材放射性防护分类控制标准》(JC518－93)进行现场分类。

三、实验设备与试剂

(1)ZDD－3901 建材放射性检测仪。

(2)待测磁砖和石材。

四、实验步骤

(1)仔细阅读仪器使用说明书。

(2)装好主机中的 4 节一号电池，用配带好的电缆线将探头与主机连好，打开主机电源。

(3)测量准备好的石(板)材(距地面高度 40cm 以上，距障碍物或墙壁 1m 以上，距石材堆或其他可能产生高辐射射线的物体 5m 以上)的放射性。

(4)设置测量时间 10min，测量环境辐射本底(不可将待测石材放在探头附近)。

(5)本底测量结束后，将探头置于待测石材的几何中心，测量时间至少设定 5min，据石材大小与厚度选择相应的测量对象档，按测量键开始测量。

(6)蜂鸣器响后，仪器自动显示测量结果，第一行为石(板)材的规格，第二行为计数率(计数/分钟，含板材与环境辐射本底)和据 JC518—93 标准测量的板材分类结果 A、B、C、D(C 类以上)。

(7)再按一次测量键，第一行显示以镭当量浓度为单位的测量结果，但只显示范围，如 A 类石材 eCRa≤350Bq/kg，B 类石材 eCRa≤700Bq/kg，C 类石材 eCRa≤1 000Bq/Kg，D 类石材 eCRa＞1 000Bq/Kg；第二行显示以吸收剂量率(n · Gy/h)为单位的测量结果(含本底辐射)。

(8)对一块待测样品，至少测量 3 次，记录每次测量结果。如需测量多块样品，重复步骤(5)、(6)，如超过 30min 应重新测量环境辐射本底。

五、思考题

(1)《建筑材料放射性核素限量》(GB6566—2001)对 Ira(内照指数)、Iγ((外照指数)是如何定义的？

(2)如何理解核辐射剂量当量？

(3)防护核辐射的基本原则有哪些？

第二节　电脑电磁辐射污染的测量

一、实验目的

(1)了解电磁辐射对人体的危害。

(2)掌握工频电、磁场辐射强度的测量方法。

(3)了解电磁辐射对有机体作用的相关因素。

二、实验原理

电磁辐射危害的一般规律是随着波长的缩短,对人体的作用加大,微波的作用最突出。一般在 150MHz 以下的频段为人体对电磁波的透过性频段;150～1 200MHz的频段人体吸收系数较大,是危险频段;1 200～3 300MHz 的频段人体骨骼附近的组织吸收能量多,是次危险频段;3 300MHz 以上的频段主要危及皮肤与眼睛。其危害可用图 10－2 综合表示。本实验利用手持式电磁辐射测试仪(其中一型号),估测常用家电(如电脑等)的工频电磁场强度,是否符合作业场所工频电场卫生标准,并估计哪些因素影响电磁辐射强度。

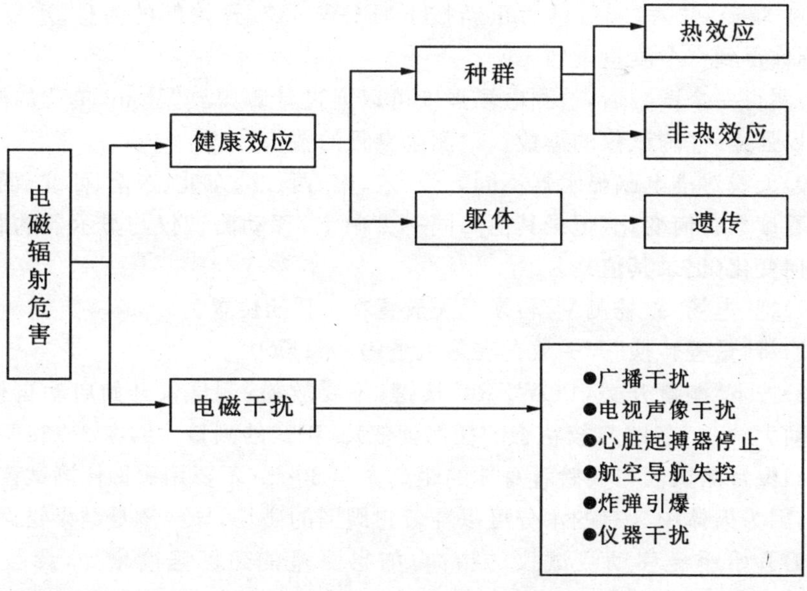

图 10－2　电磁辐射的危害

三、实验设备与试剂

(1)手持电磁辐射测试仪 M－Ⅱ。

(2)台式计算机。

四、实验步骤

(1)仔细阅读《手持电磁辐射测试仪》使用手册。

(2)打开电脑，使待测辐射源处于工作状态。

(3)把“电场/磁场测量”转换开关放置在“E”的位置。

(4)将“量程转换”开关放置在最大量程“×1 000”。

(5)按下“测量开关(POWER)”按键，不要放松，测试仪开始启动自校功能，自校时间大约 1s(忽略自校状态的任何读数)。正式的测量大约在 2～3s 后开始。

(6)保持测试仪与实验者身体的距离大于 30cm(不要用手握住测试仪的前端和天线，因为人体中含有的水分可以屏蔽它周围的电场，导致测量结果错误)。

(7)开始缓慢移动测试仪的指向，如果测量的电场强度增加，读数显示的 LED 灯将从绿色灯移动到红色灯，发亮 LED 灯旁边的数字是测量的电场强度。

(8)如果测试仪没有读数，实验者必须降低到下一档的测量量程。例如，从“×1 000”转换到“×100”，然后重新按下“POWER”，开始新的测量，重复本项步骤，直到你得到一个测量读数。

(9)测得一个读数后，被测电场强度可以通过计算得到“V/m”单位的测量值，被测电场强度＝“测试仪的读数”×“测量量程的数值”。

(10)天线对准电脑显示器不同方位(东、南、西、北、东北、东南、西北、西南 8 个方向)，看读数有何变化(记录其值)，同一方向上，移动测试仪与显示器的距离，看读数有何变化(记录其值)。

(11)把“电场/磁场测量”转换开关放置在“H”的位置。

(12)将“量程转换”开关放置在最大量程“×1 000”。

(13)按下“测量开关(POWER)”按键，不要放松，测试仪开始启动自校功能，自校时间大约 1s(忽略自校状态的任何读数)。正式的测量大约在 2～3s 后开始。

(14)保持测试仪与实验者身体的距离大于 30cm(不要用手握住测试仪的前端和天线，因为人体中含有的水分可以屏蔽它周围的磁场，导致测量结果错误)。

(15)开始缓慢移动测试仪的指向，如果测量的磁场强度增加，读数显示的 LED 灯将从绿色灯移动到红色灯，发亮 LED 灯旁边的数字是测量的磁场强度。

(16)如果测试仪没有读数，实验者必须降低到下一档的测量量程。例如，从“×1 000”转换到“×100”，然后重新按下“POWER”，开始新的测量，重复本项步骤，直到你得到一个测量读数。

(17)测得一个读数后，被测磁场强度可以通过计算得到“毫微特斯拉 nT”单位的测量值，被测磁场强度＝10×“测试仪的读数”×“测量量程的数值”。

(18)天线对准电脑显示器不同方位(东、南、西、北、东北、东南、西北、西南 8 个方向)，看读数有何变化，同一方向上，移动测试仪与显示器的距离，看读数有何变化。

五、思考题

(1)电磁辐射的主要防护措施有哪些？

(2)《环境电磁波卫生标准》中一级标准对长、中、短波容许场强是多少 V/m？

(3)《作业场所工频辐射卫生标准(GB16203—1996)》中电场强度限值是多少？

参考文献

1. 程新文. 测量与工程测量[M]. 武汉:中国地质大学出版社,2000.
2. 伊晓东，金日守，袁永博. 测量学教程[M]. 大连:大连理工大学出版社,2008.
3. 邱卫宁,陶本藻,姚宜斌,等. 测量数据处理理论与方法[M]. 武汉:武汉大学出版社,2008.
4. 郭宗河，董宇阳，郑进凤. 测量学实用教程[M]. 北京:中国电力出版社,2006.
5. 周建郑. 测量学[M]. 北京:化学工业出版社,2008.
6. 南京工业大学测绘工程教研室. 测量学实验[M]. 北京:国防工业出版社,2005.
7. 李玉宝. 测量学[M]. 成都:西南交通大学出版社，2006.
8. 杨正尧. 测量学[M]. 北京:化学工业出版社，2005.
9. 冯仲科. 测量学原理[M]. 北京:中国林业出版社，2002.
10. 潘延玲. 测量学[M]. 北京:中国建材工业出版社，2001.
11. 许娅娅，雒应. 测量学[M]. 北京:人民交通出版社，2003.
12. 陈丽华. 测量实验与实习教材[M]. 杭州:浙江大学出版社，2002.
13. 杨松林. 测量学[M]. 北京:中国铁道出版社，2002.
14. 陈改英，赵群. 测量学[M]. 北京:气象出版社，2001.
15. 西南农学院. 测量学[M]. 北京:农业出版社，1981.
16. 陈秀棠,许天钧. 测量学[M]. 哈尔滨:东北林业大学出版社，1988.
17. 合肥工业大学主编. 测量学[M]. 北京:人民教育出版社，1979.
18. 南京大学《无机及分析化学实验》编写组. 无机及分析化学实验[M]. 3 版. 北京:高等教育出版社,1998.
19. 章非娟. 水污染控制工程实验[M]. 北京:高等教育出版社,1993.
20. 彭党聪. 水污染控制工程实践教程[M]. 北京:化学工业出版社,2004.
21. 唐玉斌,陈芳艳,张永峰. 水污染控制工程[M]. 哈尔滨:哈尔滨工业大学出版社,2006.
22. 黄学敏，张承中. 大气污染控制工程实践教程[M]. 北京:化学工业出版社，2003.
23. 郝吉明，段雷. 大气污染控制工程实验[M]. 北京:高等教育出版社，2004.
24. 国家环境保护部. HJ/T167—2004，室内环境空气质量监测技术规范[S]. 北京:中国环境科学出版社,2005.
25. 国家环境保护部. GB/T 15436—1995，环境空气 氮氧化物的测定—Saltzman 法[S]. 北京:中国环境科学出版社,1995.
26. 国家环境保护部. GB/T 15262—94，环境空气 二氧化硫的测定—甲醛吸收—副玫瑰苯胺分光光度法[S]. 北京:中国环境科学出版社,1994.
27. 国家环境保护部. GB/T 15432—1995，环境空气 总悬浮颗粒物的测定—重量法[S]. 北京: